建筑与市政工程施工现场专业人员职业标准培训教材

标准员岗位知识与专业技能 （第二版）

中国建设教育协会　组织编写

李　铮　李大伟　主　编

中国建筑工业出版社

图书在版编目（CIP）数据

标准员岗位知识与专业技能 / 中国建设教育协会组织编写；李铮，李大伟主编. — 2 版. — 北京：中国建筑工业出版社，2023.12

建筑与市政工程施工现场专业人员职业标准培训教材

ISBN 978-7-112-29449-7

Ⅰ. ①标… Ⅱ. ①中… ②李… ③李… Ⅲ. ①建筑工程－标准化管理－职业培训－教材 Ⅳ. ①TU711

中国国家版本馆 CIP 数据核字（2023）第 244471 号

本书是在第一版的基础上，依据《建筑与市政工程施工现场专业人员考核评价大纲》进行了修订。本书共七章，包括概述、标准化基本知识、企业标准体系、相关标准、标准实施与监督、标准实施评价、标准化信息管理等内容。

本书可供标准员的从业人员及相关专业人员学习、培训使用。

责任编辑：周娟华　李　明　李　杰

责任校对：姜小莲

建筑与市政工程施工现场专业人员职业标准培训教材

标准员岗位知识与专业技能（第二版）

中国建设教育协会　组织编写

李　铮　李大伟　主　编

*

中国建筑工业出版社出版、发行（北京海淀三里河路 9 号）

各地新华书店、建筑书店经销

北京红光制版公司制版

天津安泰印刷有限公司印刷

*

开本：787 毫米×1092 毫米　1/16　印张：7¼　字数：176 千字

2024 年 1 月第二版　　2024 年 1 月第一次印刷

定价：**30.00** 元

ISBN 978 - 7 - 112 - 29449 - 7

（42135）

建筑与市政工程施工现场专业人员职业标准培训教材

编 审 委 员 会

建筑与市政工程施工现场专业人员队伍素质是影响工程质量和安全生产的关键因素。我国从 20 世纪 80 年代开始，在建设行业开展关键岗位培训考核和持证上岗工作。对于提高建设行业从业人员的素质起到了积极的作用。进入 21 世纪，在改革行政审批制度和转变政府职能的背景下，建设行业教育主管部门转变行业人才工作思路，积极规划和组织职业标准的研发。在住房和城乡建设部人事司的主持下，由中国建设教育协会、苏州二建建筑集团有限公司等单位主编了建设行业的第一部职业标准——《建筑与市政工程施工现场专业人员职业标准》，已由住房和城乡建设部发布，作为行业标准于 2012 年 1 月 1 日起实施。为推动该标准的贯彻落实，进一步编写了配套的 14 个考核评价大纲。

该职业标准及考核评价大纲有以下特点：（1）系统分析各类建筑施工企业现场专业人员岗位设置情况，总结归纳了 8 个岗位专业人员核心工作职责，这些职业分类和岗位职责具有普遍性、通用性。（2）突出职业能力本位原则，工作岗位职责与专业技能相互对应，通过技能训练能够提高专业人员的岗位履职能力。（3）注重专业知识的完整性、系统性，基本覆盖各岗位专业人员的知识要求，通用知识具有各岗位的一致性，基础知识、岗位知识能够体现本岗位的知识结构要求。（4）适应行业发展和行业管理的现实需要，岗位设置、专业技能和专业知识要求具有一定的前瞻性、引导性，能够满足专业人员提高综合素质和适应岗位变化的需要。

为落实职业标准，规范建设行业现场专业人员岗位培训工作，我们依据与职业标准相配套的考核评价大纲，组织编写了《建筑与市政工程施工现场专业人员职业标准培训教材》。

本套教材覆盖《建筑与市政工程施工现场专业人员职业标准》涉及的施工员、质量员、安全员、标准员、材料员、机械员、劳务员、资料员 8 个岗位 14 个考核评价大纲。每个岗位、专业，根据其职业工作的需要，注意精选教学内容、优化知识结构、突出能力要求，对知识、技能经过合理归纳，编写为《通用与基础知识》和《岗位知识与专业技能》两本，供培训配套使用。本套教材共 28 本，作者基本都参与了《建筑与市政工程施工现场专业人员职业标准》的编写，使本套教材的内容能充分体现《建筑与市政工程施工现场专业人员职业标准》的要求，促进现场专业人员专业学习和能力的提高。

第二版教材在上版教材的基础上，依据考核评价大纲，总结使用过程中发现的不足之处，参照最新法律法规及现行标准规范，结合"四新"内容，对教材内容进行了调整、修改、补充，使之更加贴近学员需求，方便学员顺利通过培训测试。

我们的编写工作难免存在不足，因此，我们恳请使用本套教材的培训机构、教师和广大学员多提宝贵意见，以便进一步的修订，使其不断完善。

建筑与市政工程施工现场专业人员职业标准培训教材编审委员会

第二版前言

本书是建筑与市政工程施工现场专业人员培训和考试复习统编教材，依据住房和城乡建设部颁布的《建筑与市政工程施工现场专业人员考核评价大纲》编写。

本书具有以下特点：（1）权威性。主编和部分参编人员参加了《建筑与市政工程施工现场专业人员职业标准》JGJ/T 250—2011、《建筑与市政工程施工现场专业人员考核评价大纲》的编写与宣贯，同时聘请了业内权威专家作为审稿人员，因此本书能够充分体现执业标准和考核评价大纲的要求。（2）先进性。本书按照有关最新标准、法规和管理规定进行动态修订，吸纳了行业最新发展成果。（3）适应性。本书内容结构与《建筑与市政工程施工现场专业人员考核评价大纲》一一对应，便于组织培训和复习。

本书在第一版的基础上修订而成，按照最新的标准、法律法规、管理规定和行业最新成果，对全书进行了全面修订，保持了内容的先进性。

限于编者水平，书中疏漏和错误难免，敬请读者批评指正。

编者
2023 年 6 月

　　工程建设标准作为一项规则和制度，是工程建设活动的技术依据，是保证建设工程质量的基础，是保障安全的重要准则。为推动标准实施，更好地保障工程安全质量，在2011年发布的行业标准《建筑与市政工程施工现场专业人员职业标准》JGJ/T 250—2011中，增设了标准员岗位，将其作为施工现场从事工程建设标准实施组织、监督、效果评价等工作的专业人员。当前，标准员岗位具有重要的作用，他的工作是建设工程施工顺利进行的基础，是工程安全质量的重要保证，是工程建设标准化工作的基础。

　　本书是施工现场标准员培训教材，围绕标准员在履行职责过程中应具备的专业知识和专业技能，贴近实际，突出实用性，也可作为工程建设标准化工作者的参考用书。本教材共包括七章，第一章概述，详细介绍了标准员的职责、应具备的技能和标准员的作用。第二章标准化基本知识，内容包括了标准和标准化的概念、标准分类、标准化原理及工程建设标准化管理体制机制。第三章企业标准体系，介绍了企业标准体系构成及企业标准体系、工程项目标准体系的编制原则、方法。第四章相关标准，介绍了相关的基础标准、施工技术标准、质量验收规范、试验标准、施工安全标准、城建建工产品标准和工程建设强制性标准。第五章标准实施与监督，介绍了标准实施与监督的要求及方法。第六章标准实施评价，介绍了对标准实施进行评价的指标体系和评价方法。第七章标准化信息管理，介绍了标准化信息管理的要求与方法以及标准文献的分类方法。

　　本教材由住房和城乡建设部标准定额研究所李铮副所长主编，李大伟、毛凯、张磊、王芬、方月、张福成、李小阳、宋振、张少红、姜康、朱军、闫龙广、陈鉴、杨成、雷丽英、林常青、苏义坤、程骐、蔡成军等参加了编写，赵毅明、王果英、王胜波、李辉、张道远、胡智慧、吴淞勤、张元勃、李松岷、张波、梁斌、程志军等审定。

　　施工现场标准员制度刚刚建立，还处于不断探索与完善阶段，本书难免有疏漏之处，欢迎广大读者和专家学者批评指正。

目　录

一、概　　述

（一）标准员的职责

1. 标准员的概念

建筑与市政工程施工现场专业人员队伍素质是影响工程质量和安全的关键因素。我国从 20 世纪 80 年代开始，在建设行业开展关键岗位培训考核持证上岗工作，先后开展了施工员、安全员、质检员等岗位培训考核，对于提高从业人员的专业技术水平和职业素养，促进施工现场规范化管理，保证工程安全和质量，推动建设行业发展发挥了重要的作用。

当前，随着经济社会发展、科技的进步，现代建设工程呈现出功能要求多样化、城市建设立体化、交通工程快速化、工程设施大型化等趋势，公共建筑和住宅建筑要求周边环境，结构布置，与水、电、煤气供应，室内温、湿度调节控制等现代化设备相结合，而不满足于仅要土木工程提供"徒有四壁""风雨水浸"的房屋骨架。由于电子技术、精密机械、生物基因工程、航空航天等高技术工业的发展，许多工业建筑提出了恒湿、恒温、防微振、防腐蚀、防辐射、防磁、无微尘等要求，并向跨度大、分隔灵活、工厂花园化的方向发展。随着经济发展和人口增长，城市人口密度迅速加大，造成城市用地紧张，交通拥挤，地价昂贵，这就迫使房屋建筑向高层发展，使得高层建筑的兴建几乎成了城市现代化的标志。铁路运输在公路、航空运输的竞争中也开始快速化和高速化。大型的水利工程、交通枢纽工程不断涌现。这些项目建设都对现场管理提出了更高的要求，要求现场管理人员具有更高的素质。

同时，工程建设标准作为工程建设活动的技术依据，随着大量新技术、新材料的涌现，数量不断增加，覆盖的范围越来越广，并且工程建设标准中对工程安全质量的要求越来越高，对保护环境、保障人身健康、维护市场秩序的规定越来越严格，这就客观要求工程建设过程中，必须严格执行标准，方能保证工程安全质量、保障公众利益，但是近些年来，住房和城乡建设部以及各地方对工程项目检查的情况看，不严格执行标准的情况依然存在，特别是近些年来发生的建筑工程安全质量事故，绝大部分事故是由于没有严格执行标准造成的。造成这种情况的原因是多方面的，但最核心的问题是缺乏行之有效的标准实施与监督机制。

因此，在这种背景下，住房和城乡建设部在建筑和市政工程施工现场设立了标准员岗位，在行业标准《建筑与市政工程施工现场专业人员职业标准》JGJ/T 250—2011 中规定了标准员的岗位职责、职业能力标准和职业能力评价要求。该标准规定，标准员是在建筑与市政工程施工现场，从事工程建设标准实施组织、监督、效果评价等工作的专业人员。

《建筑与市政工程施工现场专业人员职业标准》JGJ/T 250—2011 中对标准员给出的

2

上述定义，也是从标准员的主要工作任务角度对标准员职业做出的概括性描述。从该定义可以看出，标准员与施工员、安全员、质量员、材料员等一样，是建筑与市政施工现场的专业人员，各项工作是围绕工程施工展开的，但标准员的主要工作内容与施工员、安全员、质量员、材料员有很大区别，主要从事工程建设标准实施组织、监督、效果评价等，但这些工作又与施工员、安全员、质量员、材料员等有着密切的联系，因为施工员、安全员、质量员、材料员等岗位人员的很多工作是依据标准开展的，最典型的就是质量员，建筑工作质量管理是离不开标准的，可以说标准员与其他几大员的工作既有联系，也有分工，各有侧重。另外，标准员需要掌握各方面的标准，要有一定的工作经验。

2. 标准员的工作职责

《建筑与市政工程施工现场专业人员职业标准》JGJ/T 250—2011 中规定了标准员的主要工作职责，共有 5 类、12 项职责，主要有：

（1）标准实施计划

这类职责主要要求标准员在工程项目施工准备阶段，全面收集所承担工程项目施工过程中应执行的标准，并做好落实标准的相关措施与制度，职责包括：

① 参与企业标准体系表的编制。

② 负责确定工程项目应执行的工程建设标准，编列标准强制性条文，并配置标准有效版本。

③ 参与制定质量安全技术标准落实措施及管理制度。

（2）施工前期标准实施

这类职责主要要求标准员在工程项目施工准备过程中，通过开展标准宣贯培训，以及将标准中的要求落实到相关的管理措施及管理制度，为工程建设过程中严格执行标准打下基础，主要职责包括：

① 负责组织工程建设标准的宣贯和培训。

② 参与施工图会审，确认执行标准的有效性。

③ 参与编制施工组织设计、专项施工方案、施工质量计划、职业健康安全与环境计划，确认执行标准的有效性。

（3）施工过程标准实施

这类职责主要要求标准员在工程项目施工过程中，通过交底、对标准实施进行跟踪、验证以及对发现的问题及时进行整改等工作，促进标准准确实施，主要职责包括：

① 负责建设标准实施交底。

② 负责跟踪、验证施工过程标准执行情况，纠正执行标准中的偏差，重大问题提交企业标准化委员会。

③ 参与工程质量、安全事故调查，分析标准执行中的问题。

（4）标准实施评价

这类职责要求标准员通过开展标准实施评价，收集工程技术人员对标准的意见、建议，为改进标准化工作提供支持，主要职责包括：

① 负责汇总标准执行确认资料、记录工程项目执行标准的情况，并进行评价。

② 负责收集对工程建设标准的意见、建议，并提交企业标准化委员会。

（5）标准信息管理

这类职责要求标准员负责工程建设标准实施的信息管理，当前计算机和信息技术发展突飞猛进，已经广泛应用于各个领域，很多地方围绕标准实施开发了施工过程的信息管理系统，住房和城乡建设部制定了建设领域信息化建设的顶层设计，标准的实施是各管理信息系统开发的基础，因此，规定了标准员的这项职责。

（二）标准员应具备的技能

标准员作为施工现场的管理人员，为全面履行职责，完成工程项目施工任务，面对日趋复杂的建筑形式，客观要求标准员掌握相应的技能。《建筑与市政工程施工现场专业人员职业标准》JGJ/T 250—2011 中对标准员应具备的专业技能和专业知识提出了明确的要求。

1. 标准员应具备的专业技能

专业技能是通过专门学习训练，运用相关知识完成专业工作任务的能力，标准员的专业技能主要包括：

（1）能够组织确定工程项目应执行的工程建设标准及强制性条文。要求标准员能够在现行的众多工程建设标准中，根据所承担的工程项目的特点和设计要求确定工程项目应执行的工程建设标准，并能够编制工程项目应执行的工程建设标准及强制性条文明细表。

（2）能够参与制定工程建设标准贯彻落实的计划方案。要求标准员根据工程建设标准的要求，结合工程项目施工部署，参与制定工程建设标准贯彻落实方案，包括组织管理措施和技术措施方案，并能够编制小型建设项目的专项施工方案。

（3）能够组织施工现场工程建设标准的宣贯和培训。要求标准员能够根据工程建设标准的适用范围合理确定宣贯内容和培训对象，并能够组织开展施工现场工程建设标准宣贯和培训。

（4）能够识读施工图。要求标准员能够识读建筑施工图、结构施工图、设备专业施工图，以及城市桥梁、城镇道路施工图和市政管线施工图，准确把握工程设计要求。

（5）能够对不符合工程建设标准的施工作业提出改进措施。要求标准员能够判定施工作业与相关工程建设标准规定的符合程度，以及施工质量检查与验收与相关工程建设标准规定的符合程度，发现问题，并能够依据相关工程建设标准对施工作业提出改进措施。

（6）能够处理施工作业过程中工程建设标准实施的信息。要求标准员熟悉与工程建设标准实施相关的管理信息系统，能够处理工程材料、设备进场试验、检验过程中相关标准实施的信息、施工作业过程中相关工程建设标准实施的信息以及工程质量检查、验收过程中相关工程建设标准实施的信息，包括信息采集、汇总、填报等。

（7）能够根据质量、安全事故原因，参与分析标准执行中的问题。要求标准员掌握工程质量安全事故原因分析的方法，能够根据质量、安全事故原因分析相关工程建设标准执行中存在的问题，以及根据工程情况和施工条件提出质量、安全的保障措施。

（8）能够记录和分析工程建设标准实施情况。要求标准员根据施工情况，准确记录各项工程建设标准在施工过程中执行情况，并分析工程项目施工阶段执行工程建设标准的情况，找出存在的问题。

（9）能够对工程建设标准实施情况进行评价。要求标准员掌握标准实施评价的方法，能够客观评价现行标准对建设工程的覆盖情况，评价标准的适用性和可操作性以及标准实施的经济、社会、环境等效果。

（10）能够收集、整理、分析对工程建设标准的意见，并提出建议。要求标准员掌握工程建设标准化的工作机制，掌握标准制修订信息，及时向相关人员传达标准制修订信息，并收集反馈相关意见，提出对相关标准的改进意见。

（11）能够使用工程建设标准实施信息系统。要求标准员能够使用国家工程建设标准化管理信息系统，并应用国家及地方工程建设标准化信息网，及时获取相关标准信息，确保施工现场的标准及时更新。

2. 标准员应具备的专业知识

《建筑与市政工程施工现场专业人员职业标准》JGJ/T 250—2011 将标准员应具备的专业知识分为通用知识、基础知识和岗位知识。通用知识是建筑与市政工程施工现场专业人员（包括施工员、安全员、质检员、材料员等）应具备的共性知识，基础知识、岗位知识是与标准员岗位工作相关的知识。各部分主要内容包括：

（1）通用知识

1）熟悉国家工程建设相关法律法规。要求标准员熟悉《中华人民共和国建筑法》（以下简称《建筑法》）《中华人民共和国安全生产法》（以下简称《安全生产法》）《中华人民共和国劳动法》《中华人民共和国劳动合同法》《建设工程安全生产管理条例》《建设工程质量管理条例》等法律法规的相关规定。

2）熟悉工程材料、建筑设备的基本知识。要求标准员熟悉无机胶凝材料、混凝土、砂浆、石材、砖、砌块、钢材等主要建筑材料的种类、性质，混凝土和砂浆配合比设计，建筑节能材料和产品的应用。

3）掌握施工图绘制、识读的基本知识。要求标准员掌握房屋建筑、建筑设备、城市道路、城市桥梁、市政管道等工程施工图的组成、作用及表达的内容，掌握施工绘制和识读的步骤与方法。

4）熟悉工程施工工艺和方法。要求标准员熟悉地基与基础工程、砌体工程、钢筋混凝土工程、钢结构工程、防水工程等施工工艺流程及施工要点。

5）了解工程项目管理的基本知识。要求标准员了解施工项目管理的内容及组织机构建立与运行机制，了解施工项目质量、安全目标控制的任务与措施，了解施工资源与施工现场管理的内容和方法。

（2）基础知识

1）掌握建筑结构、建筑构造、建筑设备的基本知识。要求标准员掌握民用建筑的基本构造组成，构件的受弯、受扭和轴向受力的基本概念，钢筋混凝土结构、钢结构、砌体结构的基本知识，建筑给水排水、供热工程、建筑通风与空调工程、建筑供电照明工程的基本知识，以及城市道路、城市桥梁、各类市政管线的基本知识。

2）熟悉工程质量控制、检测分析的基本知识。要求标准员熟悉工程质量控制的基本原理和基本方法，熟悉抽样检验的基本理论和工程检测的基本知识与方法。

3）熟悉工程建设标准体系的基本内容和国家、行业工程建设标准体系。要求标准员掌握标准化的基本概念和标准化方法，熟悉国家工程建设标准化管理体制和工程建设标准管理机制，熟悉工程建设标准体系的构成。

4）了解施工方案、质量目标和质量保证措施编制及实施基本知识。要求标准员了解施工方案的作用基本内容及组织实施的方法，了解质量目标的作用和确定质量目标的方法，了解质量保证措施的编制和组织实施。

（3）岗位知识

1）掌握与本岗位相关的标准和管理规定。要求标准员掌握工程建设标准实施与监督的相关规定，以及工程安全和质量管理的相关规定，掌握相关质量验收规范、施工技术规程、检验标准与试验方法标准和产品标准等。

2）了解企业标准体系表的编制方法。要求标准员了解企业标准体系表的作用、构成和编制方法。

3）熟悉工程建设标准化监督检查的基本知识。要求标准员熟悉对质量验收规范、施工技术规程、试验检验标准等实施进行监督检查的基本知识和检查方法，以及工程建设标准的宣贯和培训组织要求。

4）掌握标准实施执行情况记录及分析评价的方法。要求标准员掌握标准实施执行情况记录的内容和方法，掌握标准实施状况、标准实施效果、标准科学性等评价的知识和评价方法。

3. 标准员职业能力评价

职业能力评价是指通过考试、考核、鉴定等方式，对专业人员职业能力水平进行测试和判断的过程。对于建筑和市政工程施工现场专业人员职业能力评价，《建筑与市政工程施工现场专业人员职业标准》JGJ/T 250—2011 规定，采取专业学历、职业经历和专业能力评价相结合的综合评价方法，其中专业能力评价应采用专业能力测试方法，包括专业知识和专业技能测试，重点考查运用相关专业知识和专业技能解决工程实际问题的能力。

针对不同学历，《建筑与市政工程施工现场专业人员职业标准》JGJ/T 250—2011 对标准员的职业实践最少年限作出了具体的规定，土建类本专业专科及以上学历 1 年，土建类相关专业专科及以上学历 2 年，土建类本专业中职学历 3 年，土建类相关专业中职学历 4 年。

标准员专业能力测试采用闭卷机考的方式，测试的内容按照《建筑与市政工程施工现场专业人员职业标准》JGJ/T 250—2011 中标准员专业技能和专业知识的规定。

对专业能力测试合格，且专业学历和职业经历符合规定的建筑与市政工程施工现场专业人员，颁发职业能力评价合格证书。

（三）标准员的作用

工程建设标准作为工程建设活动的技术依据和准则，是保障工程安全质量和人身健康的基础，标准员作为施工现场从事工程建设标准实施组织、监督、效果评价等工作的专业人员，既是工程项目施工的管理人员，也是标准化工作中重要的一员，具有重要的作用。

1. 标准员为实现工程项目施工科学管理奠定基础

标准是当代先进的科学技术和实践经验的总结，是指导企业各项活动的依据，要使工程项目施工达到规范化、科学化，保证施工"有章可循，有标准可依"，建立最佳秩序，取得最佳效益，需要标准发挥协调、约束和桥梁的作用。标准员通过为工程建设各岗位管理人员和操作人员提供全面的标准有效版本，能够指导各项工作按照标准开展，进而有效促进工程项目施工的科学管理。

2. 标准员为保障工程安全质量提供支撑

工程建设标准是判定工程质量"好坏"的"准绳"，是保障工程安全和人身健康的重要手段，标准员的工作能够将工程建设标准的要求贯彻到工程项目施工的各项活动当中，包括建筑材料的质量、工程质量、施工人员的作业等，同时在施工过程中进行监督、检查，对不符合标准要求的事项及时提出整改措施，为保障工程安全质量提供的强有力的支撑。

3. 标准员为提高标准科学性发挥重要作用

标准的制定、实施和对标准实施进行监督是标准化工作的主要内容，在新的形势下，客观要求三项工作必须有机结合、相互促进，才能使得标准更加科学合理，适应工程建设的需要，有力促进我国经济社会的发展。要做到这点，需要工程建设标准化管理机构及时、全面掌握标准实施的情况，发现标准中存在的问题，改进标准化工作。标准员作为工程项目施工的直接参与者，最"接地气"，能够通过工程建设标准实施评价，分析工程建设标准的实施情况、实施效果和科学性，并能够收集工程建设者对标准的意见和建议，这些信息反馈到工程建设标准化管理机构，将会为工程建设标准化管理提供强有力的支持，对进一步提高标准的科学性、完善标准体系、推动标准实施各项措施，发挥重要的作用。

二、标准化基本知识

（一）标准和标准化基本概念

1. 标准的定义

"标准"一词在我们日常生活中经常使用，作为判断事物的好坏的"尺度"。随着科技进步，特别是工业化大生产的发展，"标准"的概念也不断具体化。近几十年来，国际标准化组织（ISO）和国际电工委员会（IEC）等权威机构曾多次通过发布指南的形式对标准化基本术语进行规范。2014年我国修订了国家标准《标准化工作指南第一部分：标准化和相关活动的通用术语》GB/T 20000.1—2014，对标准的定义的表述是："通过标准化活动，按照规定的程序经协商一致制定，为各种活动或其结果提供规则、指南或特性，供共同使用和重复使用的文件。"并注明："标准宜以科学、技术和经验的综合成果为基础。"世界贸易组织（WTO）对标准的定义为："由公认机构批准的，非强制性的，为了通用或反复使用的目的，为产品或相关生产方提供准则、指南或特性的文件。标准也可以包括或专门规定用于产品、加工或生产方法的术语、符号、包装标准或标签要求。"标准的定义上可以看出，标准具有科学性、规范性、时效性三个特性。

理解"标准"定义，应注重把握以下方面：

（1）标准是在一定范围内获得最佳秩序，有序化的目的是促进最佳的社会效益和经济效益。

（2）标准的实质是对一个特定的活动（过程）或者其结果（产品或输出）规定共同遵守和重复使用的规则、指南或特性，即标准文件可以是规则或规范性文件，可以是指南性文件，也可以是特定的特性规定。对不需要规定共同遵守和重复使用的规范性文件的活动和结果，没有必要制定标准。

（3）标准是"以科学、技术和经验的综合成果为基础"制定出来的，制定标准的基础是"综合成果"，单纯的科学技术成果，如果没有经过综合研究、比较、选择、分析其在实践活动中的可行性、合理性或没有经过实践检验，是不能纳入标准之中的。

（4）制定标准必须使相关方协调一致，做到基本同意，但协商一致并不意味着没有"异议"，也就是说，在制定标准的过程中，标准涉及的各个方面对标准中规定的内容，需要经过协调，形成统一的各方均可接受的意见，保证了标准的全局观、社会观和公正性，使标准有更强的生命力。经一个公认权威机构批准发布，是要保证标准的权威性，这里"公认机构"是社会公认的或由国家授权的、有特定任务的、法定的组织机构或管理机构。经过该机构对标准制定的过程、内容进行审查，确认标准的科学性、可行性，以规范性文件的形式批准发布，保证了标准的严肃性。

2. 标准化的定义

国家标准《标准化工作指南 第 1 部分：标准化和相关活动的通用术语》GB/T 20000.1—2014，对标准化的定义的表述是："为了在既定范围内获得最佳秩序，促进共同效益，对现实问题或潜在问题确立共同使用和重复使用的条款以及编制、发布和应用文件的活动。"并注明："注 1：标准化活动确立的条款，可形成标准化文件，包括标准和其他标准化文件。注 2：标准化的主要效益在于为了产品、过程或服务的预期目的改进它们的适用性，促进贸易、交流以及技术合作。"

"标准化"定义，要明确理解以下要点：

（1）标准化是指一项活动，活动内容是编制、发布和实施标准，并且标准化是一个相对动态的概念，无论一项标准还是一个标准体系，都随着时代的发展向更深层次和广度变化发展。比如在当时条件下，制定的一项标准，随着技术进步，一定时期之后可能不再适用于工程建设活动，需要修订不适用的标准。标准体系也一样，需要不断完善和更新。标准没有最终成果，标准在深度上无止境、广度上无极限，成为标准化的动态特征。

（2）标准化的目的是"为了在既定范围内获得最佳秩序"，就是要增加标准化对象的有序化程度，防止其无序化发展。日本著名学者松蒲四郎在《工业标准化原理》一书中提到，"在人类社会中也存在着自发的多样化趋势，为了制止这种导致混乱的如浪费资源等不必要的多样化，标准化就是为了建立一种秩序，使标准化对象的运行纳入有序化的轨道，为人类创造利益"。可以说，标准化活动就是人们从无序状态恢复有序状态所做的努力，建立市场的最佳秩序，生产、服务不断优化，使得资源合理配置，有限的投入获得期望的产出，这是社会发展永恒的主题。

（3）标准化的本质是"统一"，是对现实问题或潜在问题确立共同使用和重复使用的规则的活动。标准化是事物某方面属性以标准为参考依据，在某种作用力的影响下，不断接近标准，最终与标准形成一致的过程。因此，事物一旦在某方面实现标准化，必然会产生统一的结果，一方面是事物在该方面属性与标准统一；另一方面是标准化对象的多个个体之间在该方面属性实现统一。从标准化经验上来说，首先要做到概念的统一，才能做到事物的统一，这也是在制定标准时，首先要对标准中涉及的关键的名词术语下定义的原因。

（二）工程建设标准的概念

1. 工程建设标准的定义

工程建设标准是针对工程建设活动或结果所制定的标准，根据国家标准《标准化工作指南 第 1 部分：标准化和相关活动的通用术语》GB/T 20000.1—2014 中对标准的定义，工程建设标准可以定义为：通过标准化活动，按照规定的程序经协商一致制定，为各种工程建设活动或其结果提供规则、指南或特性，供共同使用和重复使用的文件，该文件以科学、技术和经验的综合成果为基础，以促进最佳社会效益为目的。

工程建设标准的主要内容包括：工程建设勘察、规划、设计、施工及验收等的技术要求；工程建设的术语、符号、代号、量与单位、建筑模数和制图方法；工程建设中的有关安全、健康、卫生、节能、低碳、环保、智能的技术要求；工程建设的试验、检验和评定等的方法；工程建设的信息技术要求；工程建设的管理技术要求。

工程建设标准作为建设活动的技术准则，深刻影响着工程建设项目的性能和功能，与一般意义上的标准相比，在政策性、综合性、影响性等方面有着突出的特点。

（1）政策性强

工程建设标准实施法律法规实施的技术支撑和措施，一些法规、政策要求通过工程建设标准中的相关规定贯彻到建设工程项目当中，进而实现国家经济社会发展的目标，这一点充分体现了工程建设标准政策性强的特点，特别是工程建设强制性标准，内容上直接涉及工程质量、安全、卫生、节能、低碳、环保等方面，这些内容无不体现国家的方针、政策。比如，国家能源资源节约基本国策，通过建筑节能标准，以及工程建设标准中对节地、节水、节材、环保等方面的技术要求，贯彻到建设工程项目当中，为我国经济社会发展提供有力支撑。

（2）综合性强

建设工程是一项复杂的系统工程，过程环节多、涉及专业广。例如，为达到节能效果，建筑节能要经过规划设计、施工调试、运行管理、设备维护、设备更新、废物回收等一系列环节；在技术层面上涉及建筑围护结构的隔热保温、节能门窗、节能灯具、节能电器和可再生能源的利用等多学科。工程建设标准的制定不仅考虑技术条件，而且必须综合考虑经济条件和管理水平。妥善处理好技术、经济、管理水平三者之间的制约关系，综合分析，全面衡量，统筹兼顾，以求在可能条件下获取标准化的最佳效果，这是制定工程建设技术标准的关键。同时，我国地域广阔，东西部经济发展差异大，地质、气候、人文有很大不同，工程建设环境条件复杂，因此，工程建设标准的制定需要考虑经济上的合理性和可能性；需要结合工程的特点，考虑自然的差异；需要结合国情来考虑。

（3）影响性大

工程建设标准是经济建设和项目投资的重要制度和依据。建设活动与交易的统一性决定了工程建设标准在经济技术决策方面的重要作用，项目建设前期的可行性研究、工程概预算等均须符合工程建设各阶段技术、管理等标准的要求。可以说，工程建设标准直接影响着投资金额的大小。当前我国城镇化进程稳步推进，并保持一定的经济增长速度，客观需要有较高的投资增长速度，在投资建设过程中，需要工程建设标准科学、合理，保障较高的投资效益。

2. 工程建设强制性标准

按照《中华人民共和国标准化法》（2017 年 11 月 4 日第十四届全国人民代表大会常务委员会第三十次会议修订，以下简称《标准化法》），标准分为强制性标准和推荐性标准。为保障人身健康和生命财产安全、国家安全、生态环境安全以及满足经济社会管理基本需要的技术要求，应当制定强制性国家标准。

在建设领域，为加强工程安全、质量管理的需要，《实施工程建设强制性标准监督规定》（建设部令第 81 号），进一步明确了工程建设强制性标准的内容，即工程建设强制性标准是指直接涉及工程质量、安全、卫生及环境保护等方面的工程建设标准强制性条文。

这些条文分别在不同的标准当中，在标准发布公告中明确了强制性条文的条款，在标准中以黑体字的形式体现，在实施标准时必须严格执行。

当前的工程建设强制性标准是随着我国经济发展和经济体制改革逐步形成的，中华人民共和国成立至今经历了以下四个发展阶段：

第一阶段（1949—1988年）

中华人民共和国成立初期，百业待兴，自1953年实施的发展国民经济的第一个五年计划，我国开始进行大规模经济建设，实行计划经济体制，为了使生产、建设和商品流通达到统一协调，我国政府一直将技术标准作为管理微观经济的手段之一。1962年国务院颁布了《工农业产品和工程建设技术标准管理办法》，该办法规定工程建设标准体制分为国家标准、部标准和企业标准三级，"各级生产、建设管理部门和各企业单位，都必须贯彻执行有关的国家标准，部标准。如果确有特殊情况，贯彻执行还有困难的，应当说明理由，并且提出今后贯彻执行的步骤，报请国务院有关主管部门批准。"1979年国务院颁布了《中华人民共和国标准化管理条例》，规定了标准分为国家标准、部标准（专业）和企业标准三级，部标准后加括号，旨在打破部门的界限，该条例规定了标准的法律性质，"标准一经批准发布，就是技术法规。各级生产、建设、科研、设计管理部门和企业、事业单位，都必须严格贯彻执行，任何单位不得擅自更改或降低标准。对因违反标准造成不良后果以至重大事故者，要根据情节轻重，分别予以批评、处分、经济制裁，直至追究法律责任。"可见，这个时期的工程建设标准，无论是国家标准还是部标准都是强制执行的标准，为保障当时条件下的工程质量、安全起到了积极的作用。

第二阶段（1988—2000年）

随着我国经济体制由计划经济体制向有计划的商品经济体制转变，并逐步过渡到社会主义市场经济体制，政府对经济管理的方式方法不断转变，标准在我国经济发展中的作用也发生了变化。将涉及人体健康、人身财产安全的标准仍作为强制执行的标准，其他标准由政府制定向社会推荐采用。1988年国家颁布了《标准化法》，规定了标准分为国家标准、行业标准、地方标准、企业标准四级，标准属性分为强制性和推荐性两种。"强制性标准，必须执行。不符合强制性标准的产品，禁止生产、销售和进口。推荐性标准，国家鼓励企业自愿采用。"这一时期，国家管理经济社会发展由保障计划的落实转向注重公众利益，积极培育和促进市场的发展，充分发挥市场配置资源的作用，标准的转变适应了经济体制转型的需要。

第三阶段（2000—2005年）

2000年，《建设工程质量管理条例》和《建设工程勘察设计管理条例》发布实施，对我国在社会主义市场经济条件下，建立新的更加有效的建设工程管理制度和运行机制作出了重大决定。其中，很重要的一点就是打破了传统的单纯依靠行政手段管理建设工程质量的概念，开始走上了管理和技术并重的保证建设工程质量的道路。不执行国家的强制性技术标准就是违法，就要受到严厉处罚的观念，在条例中得到了具体体现。然而，由于受长期的计划经济体制的影响，工程建设标准在编制原则、指导思想、编制方法上，都没有摆脱原有模式的框框，初步形成的工程建设强制性标准与推荐性标准的体系，总体上看也只能说是形式上的。在当时的3500余项工程建设标准中，有2700余项标准是强制性标准，具体条款近15万条，而且在这些条款中，不属于《标准化法》规定的强制执行的技术内容，超过 80%。如此众多的强制性标准以及强制性标准内容中存在如此大量的非强制性技术要求，必然导致《建设工程质量管理条例》中有关执行强制性标准的规定缺乏实际的可操作性。正是由于这方面的原因，2000 年，建设部印发了《实施工程建设强制性标准监督规定》，明确规定"工程建设强制性标准是指直接涉及工程质量、安全、卫生及环境保护等方面的工程建设标准强制性条文"，并立即会同国务院各有关部门，在现行工程建设标准体系的框架内，对工程建设强制性标准中必须执行的技术内容进行了摘编，形成了《工程建设标准强制性条文》。该条文共包括十五部分：城乡规划、城市建设、房屋建筑、工业建筑、水利工程、电力工程、信息工程、水运工程、公路工程、铁道工程、石油和化工建设工程、矿山工程、人防工程、广播电影电视工程和民航机场工程。这十五个部分涵盖了目前我国绝大部分的建设工程类别。

第四阶段（2005—2016 年）

2005 年，为落实党中央提出建设"节能省地型"住宅的要求，促进资源能源节约和合理利用，实现经济社会的可持续发展，建设部组织编制了《住宅建筑规范》GB 50368—2005，该标准将住宅建筑作为一个完整的对象，以住宅的功能、性能和重要技术指标为重点，以现有《工程建设标准强制性条文》和有关工程建设标准规范为基础，全文提出对住宅建筑的强制性要求。该规范的内容涉及了内外部环境、结构、功能、设备、设施、使用、维护、管理等各领域的技术要求，规定了住宅建设在结构安全、火灾安全、使用安全，卫生、健康与环境，噪声控制，资源节约和合理利用，以及其他涉及公众利益方面必须达到的指标或性能要求，突出了与节能、节水、节材、节地有关的技术要求，以及维护公众利益、构建和谐社会、城乡统筹等方面的要求。该标准成为工程建设强制性标准的重要组成部分。之后，住房和城乡建设部陆续组织开展了《城镇燃气技术规范》GB 50494—2009、《城市轨道交通技术规范》GB 50490—2009 等全文强制标准的制定，完善了工程建设强制性标准。

第五阶段（2016 年至今）

2016 年 8 月 9 日，住房和城乡建设部发布的《关于深化工程建设标准化工作改革的意见》指出，我国工程建设标准（以下简称标准）经过 60 余年发展，国家、行业和地方标准已达 7000 余项，形成了覆盖经济社会各领域、工程建设各环节的标准体系，在保障工程质量安全、促进产业转型升级、强化生态环境保护、推动经济提质增效、提升国际竞争力等方面发挥了重要作用。但与技术更新变化和经济社会发展需求相比，仍存在着标准供给不足、缺失滞后，部分标准老化陈旧、水平不高等问题，需要加大标准供给侧结构性改革，完善标准体制机制，建立新型标准体系。

（1）我国工程建设标准化工作改革的总体目标

标准体制适应经济社会发展需要，标准管理制度完善、运行高效，标准体系协调统一、支撑有力。按照政府制定强制性标准、社会团体制定自愿采用性标准的长远目标，到 2020 年，适应标准改革发展的管理制度基本建立，重要的强制性标准发布实施，政府推荐性标准得到有效精简，团体标准具有一定规模。到 2025 年，以强制性标准为核心、推荐性标准和团体标准相配套的标准体系初步建立，标准有效性、先进性、适用性进一步增强，标准国际影响力和贡献力进一步提升。

（2）我国工程建设标准化工作改革的任务要求

1）改革强制性标准。

加快制定全文强制性标准，逐步用全文强制性标准取代现行标准中分散的强制性条文。新制定标准原则上不再设置强制性条文。

2）构建强制性标准体系。

强制性标准体系框架，应覆盖各类工程项目和建设环节，实行动态更新维护。体系框架由框架图、项目表和项目说明组成。框架图应细化到具体标准项目，项目表应明确标准的状态和编号，项目说明应包括适用范围、主要内容等。

国家标准体系框架中未有的项目，行业、地方根据特点和需求，可以编制补充性标准体系框架，并制定相应的行业和地方标准。国家标准体系框架中尚未编制国家标准的项目，可先行编制行业或地方标准。国家标准没有规定的内容，行业标准可制定补充条款。国家标准、行业标准或补充条款均没有规定的内容，地方标准可制定补充条款。

制定强制性标准和补充条款时，通过严格论证，可以引用推荐性标准和团体标准中的相关规定，被引用内容作为强制性标准的组成部分，具有强制效力。鼓励地方采用国家和行业更高水平的推荐性标准，在本地区强制执行。

强制性标准的内容，应符合法律和行政法规的规定，但不得重复其规定。

3）优化完善推荐性标准。

推荐性国家标准、行业标准、地方标准体系要形成有机整体，合理界定各领域、各层级推荐性标准的制定范围。要清理现行标准，缩减推荐性标准数量和规模，逐步向政府职责范围内的公益类标准过渡。

推荐性国家标准重点制定基础性、通用性和重大影响的专用标准，突出公共服务的基本要求。推荐性行业标准重点制定本行业的基础性、通用性和重要的专用标准，推动产业政策、战略规划贯彻实施。推荐性地方标准重点制定具有地域特点的标准，突出资源禀赋和民俗习惯，促进特色经济发展、生态资源保护、文化和自然遗产传承。

推荐性标准不得与强制性标准相抵触。

4）培育发展团体标准。

改变标准由政府单一供给模式，对团体标准制定不设行政审批。鼓励具有社团法人资格和相应能力的协会、学会等社会组织，根据行业发展和市场需求，按照公开、透明、协商一致原则，主动承接政府转移的标准，制定新技术和市场缺失的标准，供市场自愿选用。

团体标准要与政府标准相配套和衔接，形成优势互补、良性互动、协同发展的工作模式。要符合法律、法规和强制性标准要求。要严格团体标准的制定程序，明确制定团体标准的相关责任。

团体标准经合同相关方协商选用后，可作为工程建设活动的技术依据。鼓励政府标准引用团体标准。

5）全面提升标准水平。

增强能源资源节约、生态环境保护和长远发展意识，妥善处理好标准水平与固定资产投资的关系，更加注重标准先进性和前瞻性，适度提高标准对安全、质量、性能、健康、节能等强制性指标要求。

要建立倒逼机制，鼓励创新，淘汰落后。通过标准水平提升，促进城乡发展模式转变、提高人居环境质量；促进产业转型升级和产品更新换代，推动中国经济向中高端发展。

要跟踪科技创新和新成果应用，缩短标准复审周期，加快标准修订节奏。要处理好标准编制与专利技术的关系，规范专利信息披露、专利实施许可程序。要加强标准重要技术和关键性指标研究，强化标准与科研互动。

根据产业发展和市场需求，可制定高于强制性标准要求的推荐性标准，鼓励制定高于国家标准和行业标准的地方标准，以及具有创新性和竞争性的高水平团体标准。鼓励企业结合自身需要，自主制定更加细化、更加先进的企业标准。企业标准实行自我声明，不须报政府备案管理。

6）强化标准质量管理和信息公开。

要加强标准编制管理，改进标准起草、技术审查机制，完善政策性、协调性审核制度，规范工作规则和流程，明确工作要求和责任，避免标准内容重复矛盾。对同一事项作出规定的，行业标准要严于国家标准，地方标准要严于行业标准和国家标准。

充分运用信息化手段，强化标准制修订信息共享，加大标准立项、专利技术采用等标准编制工作透明度和信息公开度，严格标准草案网上公开征求意见，强化社会监督，保证标准内容及相关技术指标的科学性和公正性。

完善已发布标准的信息公开机制，除公开出版外，要提供网上免费查询。强制性标准和推荐性国家标准必须在政府官方网站全文公开。推荐性行业标准逐步实现网上全文公开。团体标准要及时公开相关标准信息。

7）推进标准国际化。

积极开展中外标准对比研究，借鉴国外先进技术，跟踪国际标准发展变化，结合国情和经济技术可行性，缩小我国标准与国外先进标准的差距。标准的内容结构、要素指标和相关术语等要适应国际通行做法，提高与国际标准或发达国家标准的一致性。

要推动中国标准"走出去"，完善标准翻译、审核、发布和宣传推广工作机制，鼓励重要标准与制修订同步翻译。加强沟通协调，积极推动与主要贸易国和"一带一路"沿线国家之间的标准互认、版权互换。

鼓励有关单位积极参加国际标准化活动，加强与国际有关标准化组织交流合作，参与国际标准化战略、政策和规则制定，承担国际标准和区域标准制定，推动我国优势、特色技术标准成为国际标准。

（3）工程建设领域深化标准化改革工作取得阶段性成果

住房和城乡建设部发布《民用建筑通用规范》GB 55031—2022、《建筑与市政工程施工质量控制通用规范》GB 55032—2022等全文强制性工程建设规范已达36部，充分解决了现行标准规范中强制性条文较为分散，引用强制性条文不同步带来的不一致、不协调等突出问题。

3. 工程建设标准对经济社会的作用

工程建设标准制定、实施和对实施进行监督等是标准化工作的主要任务，在实际运行中，这些任务分别由不同职能的机构承担，但这三项任务之间通过"传导机制"机制实现相互衔接。标准传导者把标准信息从标准制定者传给标准执行主体，使得标准在工程建设中应用,并发挥作用。反之,标准执行主体通过政策传导者,将标准需求信息传给标准制定者。标准制定者依据科学技术成果,在相应政策法规指导下,制定出符合产业政策、科学技术发展、管理规定和市场运行规律的标准,通过制定者、社会中介组织实现对微观主体的作用,并最终形成反馈。这个"传导"过程实现了标准通过工程建设项目对经济社会发展的影响,同时也实现了自我"螺旋上升"的过程。工程建设标准对经济社会的作用主要体现在以下几方面:

(1) 有力保障国民经济的可持续发展

改革开放以来,我国国民经济持续、快速发展,经济增长模式正在由粗放型向集约型转变,经济结构逐步优化。但近些年来,成为影响我国经济可持续发展的关键因素,其中,巨大的建筑能耗对我国可持续发展有着重大的影响。因此,工程建设标准,特别是节能标准的实施,将有效降低能耗,减少污染,有力促进我国经济的可持续发展。

保持国民经济可持续发展的重要方面是进行产业结构调整,使我国经济结构逐步优化,解决我国经济发展过程中暴露出经济快速增长与能源资源大量消耗、生态破坏之间的矛盾。工程建设标准作为工程建设的技术依据,是制定宏观调控措施的重要依据之一,能够与产业政策有效结合,特别是与工程建设密切相关的行业,包括钢铁、建材等,利用工程建设标准能够调整产品结构,促进产品升级换代,推动相关产业的结构调整。另外,在市场机制的作用下,通过技术、质量、环境、安全、能耗等方面工程建设标准,特别是强制性标准的制定和实施,强化符合标准的产品的市场竞争力,限制和淘汰不符合标准、能耗高、污染重、安全条件差、技术水平低的企业。

(2) 保护环境,促进节约与合理利用能源资源

保护环境、合理利用资源、挖掘材料潜力、开发新的品种、搞好工业废料的利用,以及控制原料和能源的消耗等,已成为保证基本建设持续发展亟待解决的重要课题。在这方面,工程建设标准化可以起到极为重要的作用。首先,国家运用标准规范的法制地位,按照现行经济和技术政策制度约束性的条款,限制短缺物资、资源的开发使用,鼓励和指导采用代替材料;其次,根据科学技术发展情况,以每一时期的最佳工艺和设计、施工方法,指导采用新材料和充分挖掘材料功能潜力;最后,以先进可靠的设计理论和择优方法,统一材料设计指标和结构功能参数,在保证使用和安全的条件下,降低材料和能源消耗。

在保护环境方面,发布了一系列污水、垃圾处理工程的工程建设标准,涉及处理工艺、设备、排放指标要求、工程建设等,为污水、垃圾处理工程的建设提供了有力的技术支撑,保障了污水垃圾的无害化处理,保护了环境。在建筑节能方面,工程建设标准为建筑节能工作的开展提供技术手段,在工程建设标准中综合当前的管理水平和技术手段科学合理地设定建筑节能目标,有效降低建筑能耗;在工程建设标准中规定了降低建筑能耗的技术方法,包括围护结构的保温措施、暖通空调的节能措施及可再生能源利用的技术措施等,为建筑节能提供保障。

(3) 保证建设工程的质量与安全,提高经济社会效益

工程建设标准具备高度科学性,作为建设工程规划、勘察、设计、施工、监理的技术依据,应用于整个工程建设过程中,是保证质量的基础。为加强质量管理,国家建立的施工图设计文件审查制度、竣工验收备案制度、工程质量验收制度等,以及开展工作的技术

依据都是各类标准、规范和规程。我国《建设工程质量管理条例》为保证建设工程质量，更对工程建设各责任主体严格执行标准提出了明确的要求。

近年来，在施工过程中时有发生安全事故，直接危害人民的生命和财产安全，影响社会稳定，已成为社会关注的焦点问题。影响安全的因素很多，其中在建工程的勘察、设计、施工中未很好执行现行的各项标准，使用不符合标准的材料和设备，以致发生安全质量事故，就是主要原因。针对发生安全事故的原因和影响安全的因素，通过标准化，规范人的行为，控制材料、设备的质量，并配合法律法规强化安全管理，就能够进一步消除安全隐患，减少安全事故。目前已经发布实施的《建筑施工安全检查标准》JGJ 59—2011、《建设工程项目管理规范》GB/T 50326—2017以及一些材料和设备的标准等，是有效控制安全事故发生的有效工具。此外，在减灾防灾方面，工程建设标准化毫无疑问是治本途径。多年来，有关部门通过调查研究和科学试验，制定发布了这方面的专门标准，例如防震、防火、防爆等标准规范。

通过工程建设标准化，可以协调质量、安全、效益之间的关系，保证建设工程在满足质量、安全的前提下，取得最佳的经济效益，特别是处理好安全和经济效益之间的关系。如何做到既能保证安全和质量，又不浪费投资，制定一系列的标准就是很重要的一个方面。在国家方针、政策指导下制定的标准，提出的安全度要求是根据工程实践经验和科学试验数据，并结合国情进行综合分析，按工程的使用功能和重要性，划分安全等级而提出的。这样就基本可以做到各项工程建设在一定的投资条件下，既保证安全，达到预期的建设目的，又不会有过高的安全要求，增加过多的投资。

（4）规范建筑市场秩序

规范建筑市场秩序是完善社会主义市场经济体制的一项重要内容，主要是规范市场主体的行为，建立公平竞争的市场秩序，保护市场主体的合法权益。同时，市场经济就是法治经济，各项经济活动都需要法制来保障，工程建设活动是市场经济活动的重要组成部分，工程建设活动中，大量的是技术、经济活动，工程建设标准作为最基本的技术、经济准则，贯穿于工程建设活动各个环节，是各方必须遵守的依据，从而规范建筑市场各方的活动。随着市场经济的完善，广大人民群众对依法维护自身权益更加重视，如在遇到住宅质量、居住环境质量问题时，自觉运用法律法规和工程建设标准的技术规定来维护自身权益，客观上要求工程技术标准的有关规定应具备法律效力，在规范市场经济秩序中发挥强制性作用，为社会经济事务管理提供技术依据。

（5）促进科研成果和新技术的推广应用

科技进步是经济发展的主要推动力之一，促进科研成果和新技术的推广应用，形成产业化是提高生产力、发展高新技术产业、促进经济社会又好又快发展的重要途径。标准、科技研发和成果转化之间紧密相连，三者之间既相互促进、相互制约，又相互依存、相互融合，形成三位一体化的复杂系统。标准是建立在生产实践经验和科学技术发展的基础上，具有前瞻性和科学性，标准应用于工程实践，作为技术依据，必须具有指导作用，保证工程获得最佳经济效益和社会效益。科研成果和新技术一旦被标准肯定和采纳，必然在相应范围内产生巨大的影响，促进科研成果和新技术得到普遍的推广和广泛应用，尤其是在我国社会主义市场经济体制的条件下，科学技术新成果一旦纳入标准，都具有了相应的法定地位，除强制要求执行的以外，只要没有更好的技术措施，都会广泛地得到应用。此外,标准纳入科研成果和新技术,一般都进行了以择优为核心的统一、协调和简化工作,使科研成果和新技术更臻于完善,并且在标准实施过程中,通过信息反馈,提供给相应的科研部门进一步研究参考,这又反过来促进科学技术的发展。

(6)保障社会公众利益

在基本建设中,有为数不少的工程,在发挥其功能的同时,也带来了污染环境的公害;还有一些工程需要考虑防灾(防火、防爆、防震等),以保障国家、人民财产和生命安全。我国政府为了保护人民健康,保障国家、人民生命财产安全和保持生态平衡,除了在相应工程建设中增加投资或拨专款进行有关的治理外,主要还在于通过工程建设标准化工作的途径,做好治本工作。多年来,有关部门通过调查研究和科学试验,制定发布了这方面的专门标准,例如防震、防火、防爆等标准(规范、规程)。另外,在其他的专业标准中,凡涉及这方面的问题,也规定了专门的要求。由于这方面的标准(规范、规程)大多属于强制性,在工程建设中须严格执行,因此,这些标准的发布和实施对防止公害、保障社会效益起到了重要作用。近年来,为了方便残疾人、老年人、保障人民身体健康、节约能源、保护环境,组织制定了一系列有益于公众利益的标准,使标准在保障社会公众利益方面作用更加明显。

(7)促进企业科学发展

企业作为社会经济的基本活动单位,工程建设标准的实施,影响着企业行为和工作方式,一方面,相关企业要在有效实施工程建设标准的情况下,使自身的运转达到高效率,以降低成本,适应市场的要求;另一方面,当企业各项管理措施在不适于工程建设标准有效实施时,包括员工培训、技术管理、生产管理、材料管理等,将会影响企业能否高效完成工程建设任务,影响企业自身的发展,这时,企业自身将会从适应工程建设的要求出发作出调整,使自身行为和工作方式达到高效、规范。从而使企业依据生产技术的发展规律和客观经济规律对企业进行管理,企业逐步做到管理机制的高效化,管理工作的计划化、程序化,管理技术和管理手段的现代化,建立符合生产活动规律的生产管理、技术管理、设备动力管理、物资管理、劳动管理、质量管理、计量管理、安全管理等科学管理制度。管理水平的提高必然会增强企业谋求生存和发展的能力,既提高企业在市场的竞争力,也为我国实施"走出去"战略打下基础。

(三)标准分类

标准化工作是一项复杂的系统工程,标准为适应不同的要求而构成一个庞大且复杂的系统,可以从不同的角度和属性对标准进行分类。

1. 根据适用范围分

根据《标准化法》的规定,我国标准分为国家标准、行业标准、地方标准和团体标准、企业标准四类。推荐性国家标准、行业标准、地方标准和团体标准、企业标准的技术要求不得低于强制性国家标准的相关技术要求。

(1)国家标准

《标准化工作指南 第1部分:标准化和相关活动的通用术语》GB/T 20000.1—2014

中对国家标准的定义为：由国家标准机构通过并公开发布的标准。

《国家标准管理办法》（国家市场监督管理总局令第 59 号，自 2023 年 3 月 1 日起施行）中指出，对农业、工业、服务业以及社会事业等领域需要在全国范围内统一的技术要求，可以制定国家标准（含国家标准样品）。包括下列内容：

① 通用的技术术语、符号、分类、代号（含代码）、文件格式、制图方法等通用技术语言要求和互换配合要求；

② 资源、能源、环境的通用技术要求；

③ 通用基础件、基础原材料、重要产品和系统的技术要求；

④ 通用的试验、检验方法；

⑤ 社会管理、服务，以及生产和流通的管理等通用技术要求；

⑥ 工程建设的勘察、规划、设计、施工及验收的通用技术要求；

⑦ 对各有关行业起引领作用的技术要求；

⑧ 国家需要规范的其他技术要求。

对保障人身健康和生命财产安全、国家安全、生态环境安全以及满足经济社会管理基本需要的技术要求，应当制定强制性国家标准。

国务院标准化行政主管部门统一管理国家标准制定工作，负责强制性国家标准的立项、编号、对外通报和依据授权批准发布；负责推荐性国家标准的立项、组织起草、征求意见、技术审查、编号和批准发布。

国务院有关行政主管部门依据职责负责强制性国家标准的项目提出、组织起草、征求意见、技术审查和组织实施。工程建设国家标准由国务院住房和城乡建设主管部门负责项目提出、组织起草、征求意见、技术审查和组织实施。

国家标准的代号由大写汉语拼音字母构成。强制性国家标准的代号为"GB"，推荐性国家标准的代号为"GB/T"，国家标准样品的代号为"GSB"，指导性技术文件的代号为"GB/Z"。国家标准的编号由国家标准的代号、国家标准发布的顺序号和国家标准发布的年份号构成。国家标准样品的编号由国家标准样品的代号、分类目录号、发布顺序号、复制批次号和发布年份号构成。

（2）行业标准

《标准化工作指南 第 1 部分：标准化和相关活动的通用术语》GB/T 20000.1—2014 中对行业标准的定义为：由行业机构通过并公开发布的标准。

对没有推荐性国家标准、需要在全国某个行业范围内统一的技术要求，可以制定行业标准。工程建设行业标准由国务院住房和城乡建设主管部门制定，报国务院标准化行政主管部门备案。

行业标准的编号由行业标准代号、标准顺序号和年代号组成，行业标准代号根据我国行业划分统一确定，建筑工程行业标准代号 JGJ，城镇建设行业标准代号 CJJ。

（3）地方标准和团体标准

1）地方标准

《标准化工作指南 第 1 部分：标准化和相关活动的通用术语》GB/T 20000.1—2014 中对地方标准的定义为：在国家的某个地区通过并公开发布的标准。

为满足地方自然条件、风俗习惯等特殊技术要求，可以制定地方标准。地方标准由省、自治区、直辖市人民政府标准化行政主管部门制定。地方标准由省、自治区、直辖市人民政府标准化行政主管部门报国务院标准化行政主管部门备案，由国务院标准化行政主管部门通报国务院有关行政主管部门。

地方标准的编号由地方标准代号、标准顺序号和年代号组成，地方标准代号为汉语拼音 DB，加上省、自治区、直辖市行政区划代码前两位数字，组成地方标准代码。

2）团体标准

国家鼓励学会、协会、商会、联合会、产业技术联盟等社会团体协调相关市场主体共同制定满足市场和创新需要的团体标准，由本团体成员约定采用或者按照本团体的规定供社会自愿采用。

制定团体标准，应当遵循开放、透明、公平的原则，保证各参与主体获取相关信息，反映各参与主体的共同需求，并应当组织对标准相关事项进行调查分析、实验、论证。

国务院标准化行政主管部门会同国务院有关行政主管部门对团体标准的制定进行规范、引导和监督。

团体标准编号由各团体标准代号、标准顺序号和年代号组成。

（4）企业标准

《标准化工作指南 第 1 部分：标准化和相关活动的通用术语》GB/T 20000.1—2014 中对企业标准的定义为：由企业通过且供该企业使用的标准。

企业标准是企业自行制定的作为内部生产经营依据的标准。企业可以根据需要自行制定企业标准，或者与其他企业联合制定企业标准。

企业标准的编号原则上由企业标准代号、标准顺序号和发布年代号组成，企业标准代号由汉语拼音 Q 加斜线再加企业代号组成。

2. 根据标准属性分

标准属性是指标准的法律属性，即标准的强制效力。我国标准按照效力分为强制性和推荐性标准，国家标准分为强制性标准、推荐性标准，行业标准、地方标准是推荐性标准。

（1）强制性标准

《标准化法》规定，对保障人身健康和生命财产安全、国家安全、生态环境安全以及满足经济社会管理基本需要的技术要求，应当制定强制性国家标准。强制性标准必须执行。

《强制性国家标准管理办法》（2020 年 1 月 6 日国家市场监督管理总局令第 25 号公布）中规定：制定强制性国家标准应当坚持通用性原则，优先制定适用于跨领域跨专业的产品、过程或者服务的标准；制定强制性国家标准应当在科学技术研究成果和社会实践经验的基础上，深入调查论证，保证标准的科学性、规范性、时效性；强制性国家标准应当有明确的标准实施监督管理部门，并能够依据法律、行政法规、部门规章的规定对违反强制性国家标准的行为予以处理。

2016 年 8 月住房和城乡建设部发布的《关于深化工程建设标准化工作改革的意见》中指出，强制性标准具有强制约束力，是保障人民生命财产安全、人身健康、工程安全、生态环境安全、公众权益和公共利益，以及促进能源资源节约利用、满足社会经济管理等方面的控制性底线要求。工程建设强制性标准项目名称统称为技术规范。

技术规范分为工程项目类规范和通用技术类规范。工程项目类规范是以工程项目为对象，以总量规模、规划布局，以及项目功能、性能和关键技术措施为主要内容的强制性标准。通用技术类规范是以技术专业为对象，以规划、勘察、测量、设计、施工等通用技术要求为主要内容的强制性标准。

（2）推荐性标准

我国推荐性标准包括推荐性国家标准、行业标准和地方标准。

《标准化法》规定，对满足基础通用、与强制性国家标准配套、对各有关行业起引领作用等需要的技术要求，可以制定推荐性国家标准。推荐性国家标准由国务院标准化行政主管部门制定。工程建设推荐性国家标准包括现行工程建设国家标准中除"技术规范"以外的标准。

行业标准和地方标准的相关情况见本节"根据适用范围分"部分。

3. 根据标准的性质分

标准按照性质可分为技术标准、管理标准和经济标准。

（1）技术标准

技术标准是指对标准化领域中需要协调统一的技术事项而制定的标准，主要内容是技术性内容，包括工程设计方法、施工操作规程、材料的检验方法等。

（2）管理标准

管理标准是指对标准化领域需要协调统一的管理事项所制定的标准，主要规定生产活动中参加单位配备人员的结构、职责权限，管理过程、方法，管理程序要求以及资源分配等事宜。它是合理组织生产活动，正确处理工作关系，提高生产效率的依据。

（3）经济标准

经济标准是指对标准化领域需要协调统一的经济方面的事项所制定的标准，在工程建设领域主要规范工程建设过程中的经济活动，用以规定或衡量工程的经济性能和造价等，例如：工程概算、预算定额、工程造价指标、投资估算定额等。

4. 根据标准化对象的作用分

根据标准化对象分类，种类相当多，而且标准化的方法也不尽相同，无法用一个固定的尺度进行划分。在工程建设标准化领域，通常采用的有两种方法，一种是按标准对象的专业属性进行分类，这种分类方法目前一般应用在确立标准体系方面；另一种是按标准对象本身的特性进行分类，一般分为基础标准，方法标准，安全、卫生和环境保护标准，质量标准，综合性标准等。

（1）基础标准

基础标准是指具有广泛的适用范围或包含一个特定领域的通用条款的标准。基础标准在一定范围内作为其他标准制定、执行的基础被普遍使用，并具有广泛指导意义。基础标准可直接应用，也可作为其他标准的基础。基础标准一般包括：技术语言标准，例如术语、符号、代号标准、制图方法标准等；互换配合标准，例如建筑模数标准；技术通用标准，即对技术工作和标准化工作规定的需要共同遵守的标准，例如工程结构可靠度设计统

19

一标准等。

（2）方法标准

方法标准是指以工程建设中的试验、检验、分析、抽样、评定、计算、统计、测定、作业等方法为对象制定的标准，比如建筑工程中的各种试验方法标准。它是实施工程建设标准的重要手段，对于推广先进方法，保证工程建设标准执行结果的准确一致，具有重要的作用。

（3）安全、卫生和环境保护标准

安全、卫生和环境保护标准是指工程建设中为保护人体健康、人身和财产的安全，保护环境等而制定的标准。它一般包括："三废"排放、防止噪声、抗震、防火、防爆、防振等方面。

（4）质量标准

质量标准是指为保证工程建设各环节最终成果的质量，以技术上需要确定的方法、参数、指标等为对象而制定的标准，例如设计方案优化条件、工程施工中允许的偏差、勘察报告的内容和深度等。在工程建设标准中，单独的质量标准所占的比重比较小，但它作为标准的一个类别，将会随着工程建设标准化工作的深入发展和标准体系的改革而变得更加显著，例如目前正在组织编制的建筑工程质量验收系列标准等。

（5）综合性标准

综合性标准是指以上几类标准的两种或若干种的内容为对象而制定的标准。综合性标准在工程建设标准中所占的比重比较大，一般来说，勘察、规划、设计、施工及验收等方面的标准规范，都属于综合性标准的范畴。例如《钢结构工程施工质量验收标准》其内容包括术语、材料、施工方法、施工质量要求、检验方法和要求等。其中，既有基础标准、方法标准的内容，又包括了质量保证方面的内容等。

（四）标准化原理

标准化原理是人们在长期的标准化实践工作中不断研究、探讨和总结，揭示标准化活动的规律，是指导人们标准化实践活动的基础和工作原则。当前，普遍认可的标准基本原理包括"简化""统一""协调""择优"，这也是标准化工作的方针。

1. 简化原理

简化就是在一定范围内，精简标准化对象（事物或概念）的类型数目，以合理的数量、类型在既定的时间空间范围内满足一般需要的一种标准化形式与原则。特别是针对多样性的标准化对象，要消除多余的、重复的和低功能的部分，以保持其结构精炼、合理，并使其总体功能优化。如建筑构配件规格品种的简化、设计计算方法的简化、施工工艺的简化、技术参数的简化等。

简化做得好可以取得很明显的效果，特别是专业化、工业化、规模化生产条件下，其效果更加显著。但做不好会适得其反，阻碍技术进步和经济发展。因此，在标准化工作中要运用好简化原理。

简化原理可描述为：具有同种功能的标准化对象，当其多样性的发展规模超出了必要的范围时，即应消除其中多余的、可替换的和低功能的环节，保持其构成的精炼、合理，使总体功能最佳。

在实际标准化工作中，运用简化原理要满足以下两个界限：

（1）简化的必要性界限

当多样性形成差异且良莠不齐、繁简并存，与客观实际的需要相左或已经超过了客观实际的需要程度时，即"多样性的发展规模超出了必要的范围时"，应当对其进行必要的简化，采取去莠存良、删繁取简、去粗取精、归纳提炼的方法，即"消除其中多余的、可替换的和低功能的环节"，实现简化。

（2）简化的合理性界限

简化的合理性，就是通过简化达到"总体功能最佳"的目标，"总体"是指简化对象的总体构成，"最佳"是从全局看效果最佳，是衡量简化是否"精炼、合理"的标准，需要运用最优化的方法和系统的方法综合分析。

2. 统一原理

统一就是把同类事物两种以上的表现形式归并为一种，或限定在一个范围内的标准化形式，统一的实质是使标准化对象的形式、功能（效用）或其他技术特征具有一致性，并把这种一致性通过标准确定下来。

统一原理可描述如下：一定时期，一定条件下，对标准化对象的形式、功能或其他技术特征所确立的一致性，应与被取代的事物功能等效。

运用统一化原理，要把握以下原则：

（1）适时原则

适时原则就是提出统一规定的时机要选准，在统一前，标准化的对象要发展到一定的规模，形式要多样，进行"统一"要确保达到最优化的效果，要有利于新技术的发展，还要有利于标准化工作的开展。

（2）适度原则

统一要适度，就是要合理确定统一化的范围和指标水平。要规定哪些方面必须统一，哪些方面不做统一，哪些统一要严格，哪些统一要留有余地，而且必须恰当地规定每项要求的数量界限。

（3）等效原则

等效就是把同类事物的两种以上表现形态归并为一种（或限定在一个特定的范围）时，被确定的一致性与被取代的食物和概念之间必须具有功能上的可替代性。也就是说，当众多的标准化对象中确定一种而淘汰其余时，被确定的对象所具备的功能应包含被淘汰对象所具备的功能。

3. 协调原理

协调是针对标准体系。所谓协调，要使标准内各技术要素之间、相关标准之间、标准与标准体系之间的关联、配合科学合理，使标准体系在一定时期内保持相对平衡和稳定，充分发挥标准体系的整体效果，取得最佳效果。

协调原理可以表述如下：在标准体系中，只有当各个标准之间的功能和作用效果彼此协调时,才能实现整体系统的功能最佳。

标准化工作中重点做好以下三方面的协调:

(1)标准内各技术要素之间的协调

标准制定过程就是协调的过程,是对众多技术方法、参数、要求等进行协调,形成统一的结果。另外,一项标准包含了多项技术方法、参数,规范不同的技术行为,这些方法、参数也需要相互协调,比如,建筑结构设计标准中包含了建筑材料性能的要求、结构设计方法的要求以及构造的规定,它们之间需要相互协调。

(2)相关标准之间的协调

同一个标准化对象,不同标准的标准之间也需要协调,比如,一项建筑工程包括设计、施工、质量验收等环节,每个环节都有相关的标准,另外还有相关建筑材料性能的标准,这些标准之间都要相互协调一致,方能保证建筑工程建设活动正常开展。

(3)标准与标准体系之间的协调

随着技术的进步,标准体系也呈现出一种动态发展的趋势,不断会有新的标准补充到标准体系之中,原有的标准也要不断地修订完善。在这个发展过程中,新增的标准要与标准体系中原有的标准相互协调。

4. 优化原理

标准化的最终目的是要取得最佳效益,能否达到这个目标,取决于一系列工作的质量。优化就是要求在标准化的一系列工作中,以"最佳效益"为核心,对各项技术方案不断进行优化,确保其最佳效益。

对于工程建设标准,进行优化一般是将不同技术方案的技术可行性、管理的可行性及经济因素综合考虑,通过试设计或其他方式进行比选,使其优化。

(五)工程建设标准管理体制与机制

1. 工程建设标准化相关法律法规

中华人民共和国成立以来,我国标准化工作随着国民经济的发展而逐步发展,各项管理规章制度不断完善。1956年10月,国家建设在总结经验并参照苏联有关管理工作的基础上,专门组织起草并颁发了《标准设计的编制、审批、使用办法》,填补了在这一阶段工程建设标准化工作管理制度的空白。1961年4月,国务院发布了《工农业产品和工程建设技术标准暂行管理办法》,是我国第一次正式发布的有关工程建设标准化工作的管理法规。党的十一届三中全会以后,党和国家的工作重点转移到了社会主义现代化建设上来,标准化工作受到党中央和国务院的高度重视,国务院于1979年7月发布了《中华人民共和国标准化管理条例》,为新时期开展标准化工作指明了方向。1988年12月,第七届全国人民代表大会常务委员会第五次会议,通过了《标准化法》,1990年4月国务院又以中华人民共和国第53号令发布了《中华人民共和国标准化法实施条例》(以下简称《标准化法实施条例》)。2017年11月4日,第十二届全国人民代表大会常务委员会第三十次会议修订了《标准化法》。《标准化法》和《标准化法实施条例》的相继发布实施,使标准化工作纳入了法制化管理的轨道，为这项工作的蓬勃发展奠定了坚实基础。

（1）法律

工程建设标准法律是指由全国人大及其常委会制定和颁布的属于国务院建设行政主管部门业务范围内的各项法律。

我国现行的工程建设标准法律主要有调整标准化工作的总体上位法——《标准化法》，此外，具体到工程建设领域，还包括与工程建设密切相关、对标准化工作同样有所涉及的法律，包括《建筑法》《中华人民共和国城乡规划法》（以下简称《城乡规划法》）《中华人民共和国节约能源法》（以下简称《节约能源法》）《中华人民共和国房地产管理法》（以下简称《房地产管理法》）《安全生产法》等相关法律。

《标准化法》修订于 2017 年 11 月，是为了加强标准化工作，提升产品和服务质量，促进科学技术进步，保障人身健康和生命财产安全，维护国家安全、生态环境安全，提高经济社会发展水平而制定的，是标准化工作的上位法。《标准化法》共有总则、标准的制定、标准的实施、监督管理、法律责任和附则六部分，确定了标准化工作的任务是制定标准、组织实施标准，以及对标准的制定、实施进行监督；明确了国务院各部门和地方政府的职责，明确了"统一管理、分工负责"的管理体制，其中"统一管理"是指国务院标准化行政主管部门统一管理全国标准化工作，"分工负责"则是指国务院有关行政主管部门分工管理本部门、本行业的标准化工作，县级以上地方人民政府标准化行政主管部门统一管理本行政区域内的标准化工作，县级以上地方人民政府有关行政主管部门分工管理本行政区域内本部门、本行业的标准化工作；规定了制定标准的原则和对象；强化了强制性标准的严格执行要求；对违法行为的法律责任和处罚办法作出了明确规定。该法的生效标志着我国的标准化工作走上了法制化的轨道。《标准化法》将标准划分为国家标准、行业标准、地方标准和团体标准、企业标准四类，又将国家标准划分为强制性国家标准和推荐性国家标准。对于保障人身健康和生命财产安全、国家安全、生态环境安全以及满足经济社会管理基本需要的技术要求，应当制定强制性国家标准。对于满足基础通用、与强制性国家标准配套、对各有关行业起引领作用等需要的技术要求，可以制定推荐性国家标准。对没有推荐性国家标准、需要在全国某个行业范围内统一的技术要求，可以制定行业标准。为满足地方自然条件、风俗习惯等特殊技术要求，可以制定地方标准。鼓励学会、协会、商会、联合会、产业技术联盟等社会团体协调相关市场主体共同制定满足市场和创新需要的团体标准。企业可以根据需要自行制定企业标准，或者与其他企业联合制定企业标准。该法将标准化法律责任划分为刑事责任、行政责任和民事责任。《标准化法》是我国顺应时代要求而制定的，是我国标准化法律中的最高准则，也是指导我国标准化工作开展的重要依据。

《建筑法》（2019 年 4 月 23 日第十三届全国人民代表大会常务委员会第十次会议《关于修改〈中华人民共和国建筑法〉等八部法律的决定》第二次修正）是建设领域保障工程建设标准实施的最基本的法律，主要侧重于建筑工程质量和安全标准的实施，对参与建设的设计、施工、监理单位执行建设标准的行为进行了明确规定，并对建筑材料以及建筑工程的质量标准也作了明确规定。《建筑法》第三条规定："建筑活动应当确保建筑工程质量和安全，符合国家的建筑工程安全标准。"第三十二条规定："建筑工程监理应当依照法律、行政法规及有关的技术标准、设计文件和建筑工程承包合同，对承包单位在施工质量、建设工期和建设资金使用等方面，代表建设单位实施监督。"第三十七条规定："建筑工程设计应当符合按照国家规定制定的建筑安全规程和技术规范，保证工程的安全性能。"第五十二条规定："建筑工程勘察、设计、施工的质量必须符合国家有关建筑工程安全标准的要求，具体管理办法由国务院规定。"第六十一条规定："交付竣工验收的建筑工程，必须符合规定的建筑工程质量标准，有完整的工程技术经济资料和经签署的工程保修书，并具备国家规定的其他竣工条件。"

《城乡规划法》则针对城乡规划编制活动执行标准进行了规定。该法第二十四条规定："编制城乡规划必须遵守国家有关标准"。

《节约能源法》对节能标准的实施以及节能材料的生产、销售、使用要求作出了具体规定。该法第十五条规定："国家实行固定资产投资项目节能评估和审查制度。不符合强制性节能标准的项目，政府投资项目不符合强制性节能标准的，依法负责审批或者核准的机关不得批准建设，建设单位不得开工建设，已完成建设的，不得投入生产、使用。"第十七条规定："禁止生产、进口、销售国家明令淘汰或者不符合强制性能源效率标准的用能产品、设备；禁止使用国家明令淘汰的用能设备、生产工艺。"第三十五条规定："建筑工程的建设、设计、施工和监理单位应当遵守建筑节能标准。不符合建筑节能标准的建筑工程，建设主管部门不得批准开工建设；已经开工建设的，应当责令停止施工、限期改正；已经建成的，不得销售或者使用。"

此外，《房地产管理法》《安全生产法》中也对工程建设标准的制定作出了具体规定。

（2）行政法规

工程建设标准行政法规是指由国务院依法制定和颁布的属于国务院建设行政主管部门业务范围内的各项行政法规。

我国现行的工程建设标准行政法规主要有从总体上对标准化工作作出规定的《标准化法实施条例》以及具体针对工程建设标准的《建设工程质量管理条例》《建设工程安全生产管理条例》等。另外，建设工程领域的《建设工程勘察设计管理条例》《民用建筑节能条例》等行政法规也对工程建设标准的制定、实施作了一些具体规定。

《标准化法实施条例》于1990年4月颁布实施，它是根据1988年颁布的《标准化法》的规定而制定的，在标准化行政法规中占有重要的位置。该条例将《标准化法》的规定具体化，为标准化法律工作提供了可操作性的依据。该条例对标准化管理体制、制定标准的对象、标准的实施和监督等问题作出了更为详细和具体的规定。其中第四十二条规定：工程建设标准化管理规定，由国务院工程建设主管部门依据《标准化法》和本条例的有关规定另行制定，报国务院批准后实施。

《建设工程质量管理条例》于2000年1月30日起发布实施，根据2019年4月23日《国务院关于修改部分行政法规的决定》进行第二次修订。凡在中华人民共和国境内从事建设工程的新建、扩建、改建等有关活动及实施对建设工程质量监督管理的，必须遵守该条例。该条例从保障建设工程质量的角度，对建设单位、设计单位、施工单位、工程监理单位以及工程质量监督管理单位执行工程建设质量标准的责任和义务作了明确规定，以规范建设各方在实施标准中的行为，提高实施标准对工程质量的保障作用。

《建设工程安全生产管理条例》于2003年11月12日经国务院讨论通过，2003年11月24日公布，自2004年2月1日起实施。该条例对建设单位、勘察单位、设计单位、施工单位、工程监理单位及其他与建设工程安全生产有关的单位的建设工程安全生产行为进行了规范，并在监督管理、生产安全事故的应急救援和调查处理、法律责任方面作出了具体规定。

《建设工程勘察设计管理条例》于 2000 年 9 月 25 日起颁布实施，根据 2017 年 10 月 7 日《国务院关于修改部分行政法规的决定》进行第二次修订。该条例对建设工程勘察、设计单位在经营活动中以及从业人员在业务活动中实施工程建设标准进行了规定。要求建设工程勘察、设计单位及人员依法进行建设工程勘察、设计，严格执行工程建设强制性标准，并对违反工程建设强制性标准的行为的法律责任作出了明确规定。

《民用建筑节能条例》由国务院于 2008 年 10 月 1 日起颁布实施，主要目的在于加强民用建筑的节能管理，减少民用建筑使用过程中的能源消耗，提高能源利用效率。其中部分涉及工程建设标准的强制实施等规定，如第十五条规定："设计单位、施工单位、工程监理单位及其注册执业人员，应当按照民用建筑节能强制性标准进行设计、施工、监理。"第十六条规定："工程监理单位发现施工单位不按照民用建筑节能强制性标准施工的，应当要求施工单位改正；施工单位拒不改正的，工程监理单位应当及时报告建设单位，并向有关主管部门报告。第二十八条规定："实施既有建筑节能改造，应当符合民用建筑节能强制性标准，优先采用遮阳、改善通风等低成本改造措施。"

（3）部门规章和规范性文件

工程建设标准部门规章和规范性文件是指建设主管部门根据国务院规定的职责范围，依法制定并颁布的各项规章，或由建设主管部门与国务院有关部门联合制定并发布的规章。在法律法规的基础上，建设部先后制定了《工程建设国家标准管理办法》《工程建设行业标准管理办法》《实施工程建设强制性标准监督规定》《工程建设标准局部修订管理办法》《工程建设标准编写规定》《工程建设标准出版印刷规定》《关于加强工程建设企业标准化工作的若干意见》《关于调整我部标准管理单位和工作准则等四个文件的通知》《工程建设标准英文版翻译细则（施行）》等部门规章和规范性文件；为加强行业标准和地方标准的管理，建设部印发了《关于实行工程建设行业标准和地方标准备案制度的通知》；为加强对工程建设地方标准化工作的管理，印发了《工程建设地方标准化工作管理规定》；为加强工程建设标准的复审工作，印发了《工程建设标准复审管理办法》。

《工程建设国家标准管理办法》发布于 1992 年 12 月 30 日，自发布之日起实施。该办法是为了加强工程建设国家标准的管理，促进技术进步，保证工程质量，保障人体健康和人身安全，根据《标准化法》《标准化法实施条例》和国家有关工程建设的法律、行政法规而制定的管理办法。该办法从国家标准的计划、制定、审批与发布、复审与修订、日常管理等方面对国家标准作出了详细规定。该办法第二条对工程建设国家标准的范围进行了界定，规定在"工程建设勘察、规划、设计、施工（包括安装）及验收等通用的质量要求；工程建设通用的有关安全、卫生和环境保护的技术要求；工程建设通用的术语、符号、代号、量与单位、建筑模数和制图方法；工程建设通用的试验、检验和评定等方法；工程建设通用的信息技术要求；国家需要控制的其他工程建设通用的技术要求"的范围内制定国家标准。国家标准分为强制性标准和推荐性标准两类，强制性标准的类别基本上与第二条规定的国家标准的范围类似。在国家标准的计划方面，规定国家标准分为五年计划和年度计划，五年计划是编制年度计划的依据；年度计划是确定工作任务和组织编制标准的依据。各章具体条文对标准的计划、编制、审批、发布程序作出了明确规定。

《工程建设行业标准管理办法》发布于 1992 年 12 月 30 日,自发布之日起实施。该办法条文较为简单,全文共 18 条,对行业标准的计划、编制、发布等程序问题作出了规定。根据该办法,对于没有国家标准而需要在全国某个行业范围内统一的技术要求可以制定行业标准,技术要求的范围与国家标准的范围相同,主要包括"工程建设勘察、规划、设计、施工(包括安装)及验收等行业专用的质量要求;工程建设行业专用的有关安全、卫生和环境保护的技术要求;工程建设行业专用的术语、符号、代号、量与单位和制图方法;工程建设行业专用的试验、检验和评定等方法;工程建设行业专用的信息技术要求;其他工程建设行业专用的技术要求"等。行业标准也分为强制性标准和推荐性标准两类,强制性标准的范围与《工程建设国家标准管理办法》中规定的强制性国家标准的范围相同。国务院工程建设行政主管部门是管理行业标准的主责部门,根据《标准化法》和相关规定履行行业标准的管理职责。行业标准的计划根据国务院工程建设行政主管部门的统一部署由国务院有关行政主管部门组织编制和下达,并报国务院工程建设行政主管部门备案。

《实施工程建设强制性标准监督规定》于 2000 年 8 月 25 日发布,自发布之日起实施。该规定是为了实施工程建设强制性标准监督规定,加强工程建设强制性标准实施的监督工作,保证建设工程质量,保障人民的生命、财产安全,维护社会公共利益,根据《标准化法》《标准化法实施条例》和《建设工程质量管理条例》而制定的。该规定第二条明确规定:"在我国境内从事新建、扩建、改建等工程建设活动,必须执行工程建设强制性标准。"第三条对强制性标准的范围进行了界定:"涉及工程质量、安全、卫生及环境保护等方面的工程建设标准是强制性标准。"我国的强制性标准由国务院建设行政主管部门会同国务院有关行政主管部门确定。在强制性标准的监督管理方面,在国家层面,由国务院建设行政主管部门负责;在地方层面,由县级以上地方人民政府建设行政主管部门负责本行政区域内的强制性标准的监督管理工作。另外,建设工程的各个环节审查主管单位应当分别对强制性标准的实施情况进行监督:建设项目规划审查机构应当对工程建设规划阶段执行强制性标准的情况实施监督;施工图设计文件审查单位应当对工程建设勘察、设计阶段执行强制性标准的情况实施监督;建筑安全监督管理机构应当对工程建设施工阶段执行施工安全强制性标准的情况实施监督;工程质量监督机构应当对工程建设施工、监理、验收等阶段执行强制性标准的情况实施监督。除此之外,规定还分别对建设单位、勘察设计单位、施工单位、监理单位违反工程建设标准的行为和建设行政主管部门玩忽职守行为的法律责任进行了明确规定。

《工程建设地方标准化工作管理规定》于 2004 年 2 月 4 日发布,自 2 月 10 日起实施。该规定是为了满足工程建设地方标准化工作管理的需要,促进工程建设地方标准化工作的健康发展,根据《标准化法》《建筑法》《标准化法实施条例》《建设工程质量管理条例》等有关法律、法规,结合工程建设地方标准化工作的实际情况而制定的。根据该规定,工程建设地方标准化工作的任务是制定工程建设地方标准,组织工程建设国家标准、行业标准和地方标准的实施,并对标准的实施情况进行监督。工程建设地方标准化工作的经费可以从财政补贴、科研经费、上级拨款、企业资助、标准培训收入等渠道筹措解决。省、自治区、直辖市建设行政主管部门负责本行政区域内工程建设标准化工作的管理工作,主要负责国家有关工程建设标准化的法律、法规和方针、政策在本行政区域的具体实施；制定本行政区域工程建设地方标准化工作的规划、计划；承担工程建设国家标准、行业标准的制订、修订等任务；组织制定本行政区域的工程建设地方标准；在本行政区域组织实施工程建设标准和对工程建设标准的实施进行监督；负责本行政区域工程建设企业标准的备案工作。工程建设地方标准在省、自治区、直辖市范围内由省、自治区、直辖市建设行政主管部门统一计划、统一审批、统一发布、统一管理。工程建设地方标准中，对直接涉及人民生命财产安全、人体健康、环境保护和公共利益的条文，经国务院建设行政主管部门确定后，可作为强制性条文。省、自治区、直辖市建设行政主管部门、有关部门及县级以上建设行政主管部门负责本区域内的工程建设国家标准、行业标准以及本行政区域工程建设地方标准的实施与监督工作。任何单位和个人从事建设活动时违反了工程建设强制性国家标准、行业标准、本行政区域地方标准，应按照《建设工程质量管理条例》等有关法律、法规和规章的规定处罚。

（4）地方标准化管理办法

目前我国有多个省、自治区、直辖市颁布了工程建设标准地方管理办法，北京、上海、安徽、海南、新疆等22个省、自治区、直辖市相继印发了工程建设地方标准管理办法或实施细则，基本形成了比较完善的工程建设标准化的法规制度体系。

2021年，陕西省制定了《陕西省工程建设标准管理办法》，适用于陕西省内房屋建筑和市政基础设施的工程建设标准的编制、实施及其监督管理；内蒙古自治区制定了《自治区工程建设标准编制工作流程》，明确了标准编制的准备、征求意见、送审、报批以及标准事项变更等环节的各项工作；四川省和重庆市联合印发了《川渝两地工程建设地方标准互认管理办法》，明确川渝两地工程建设地方标准互认工作机制，切实贯彻落实川渝地区经济圈建设要求，推动两地工程建设标准一体化发展；宁夏回族自治区修订了适用于自治区行政区域内工程建设标准的制定、实施及其监督管理活动的《宁夏回族自治区工程建设标准化管理办法》。

1）2019年3月11日河北省发布了《河北省房屋建筑和市政基础设施工程标准管理办法》（2020年10月31日省政府令〔2020〕第2号修正），对河北省行政区域内房屋建筑和市政基础设施工程（以下统称建筑工程）标准的制定、实施及其监督管理给出了详细的规定。要求建筑工程标准的制定、实施及其监督管理应当贯彻新发展理念和高质量发展要求，坚持质量第一、效益优先，推动建筑工程实现安全可靠、生态宜居、绿色低碳、循环高效；鼓励研究制定百年建筑标准，推动建筑长寿化、建设产业化、绿色低碳化、品质优良化；建立健全绿色建筑标准体系，制定、修订绿色建筑设计、绿色建造、绿色建筑评价、资源综合利用建材和绿色建材应用、可再生能源利用标准，以及超低能耗建筑、装配式建筑等标准；建立健全建筑节能标准体系，制定、修订建筑节能技术、节能新材料应用等标准；建立健全建筑工程安全标准体系，制定、修订城市居住建筑、大型公共建筑、综合管廊、地下管网工程、排水防涝设施等安全标准；制定既有住宅综合改造技术标准，满足节能、无障碍化、信息通信、加装电梯等功能优化的要求，提升既有住宅使用功能和品质；建立健全村镇建设标准体系，制定、修订村镇居住建筑、公共服务设施、污水收集与处理、生活垃圾处理等标准；建立健全智慧城市标准体系，制定城市智能交通、智能电网、智能水务、智能管网、智能建筑等标准，以满足城市交通、水务、电网和供热、燃气、给水、排水、通信等管网安全运行、精准维护、自动调控等智能化管理的要求，实现城市精确感知和信息系统的互联互通；建立健全建筑信息模型应用标准体系，制定建筑信息模型设计、施工、交付、编码储存等标准，将建筑信息模型应用技术覆盖建筑设计、施工、运行全寿命周期，实现建筑信息模型技术与工程建设一体化应用。

2）2017年4月12日，山东省政府第100次常务会议通过《山东省工程建设标准化管理办法》，明确了地方标准编制的原则，即没有国家标准、行业标准或者为了细化提高国家标准、行业标准，需要在全省范围内对相关工程建设技术、管理要求作出统一规定的，可以制定地方标准；要求建设、规划编制、勘察、设计、施工图审查、施工、监理和工程质量检测等单位及其从业人员，应当严格依据工程建设标准从事相关工程建设活动；规定团体标准、企业标准不得低于国家标准、行业标准、地方标准。

3）2022年1月18日，宁夏回族自治区人民政府发布的《自治区人民政府关于废止和修改部分政府规章的决定》（宁夏回族自治区人民政府令第108号）提出要修正《宁夏回族自治区工程建设标准化管理办法》。该管理办法指出，工程建设标准是指工程建设的勘察、设计、施工、监理的技术要求和方法，包括国家标准、行业标准、地方标准、团体标准和企业标准。自治区行政区域内工程建设标准的制定、实施及其监督管理活动应遵守该管理办法；规定对没有国家标准、行业标准或者国家标准、行业标准规定不具体，需要在本自治区行政区域内作出统一规定的工程建设技术要求，可以制定相应的地方标准；针对工程建设标准的实施情况，规定设区的市、县（市、区）住房城乡建设主管部门应当开展工程建设国家标准、行业标准实施情况分析评估工作，建立地方标准实施效果评价制度，认为需要制定或者修改地方标准的，可以向自治区住房城乡建设主管部门提出建议；要求建设、勘察、设计、施工、工程监理等单位及其他与工程建设有关的单位，必须执行工程建设强制性国家标准、强制性行业标准和强制性地方标准（以下称强制性标准），依法承担工程建设质量责任。

2. 管理制度

（1）工程建设标准制定与修订制度

1）标准立项。在工程建设标准的制定、修订工作中，计划工作既是"龙头"，也是基础，通过计划的编制，为拟订标准做好前期可行性研究工作，这对有组织、有目的地开展标准的制定、修订，具有重要的意义。《标准化法》《工程建设国家标准管理办法》《工程建设行业标准管理办法》以及国务院各有关部门和各省、自治区、直辖市建设行政主管部门发布的有关工程建设标准化的管理制度中，对工程建设国家标准、行业标准、地方标准计划的编制作出了规定。

2）标准编制。标准的制定工作是标准化活动中最为重要的一个环节，标准在技术上的先进性、经济上的合理性、安全上的可靠性、实施上的可操作性，都体现在这项工作中。制修订标准是一项严肃的工作，只有严格按照规定的程序开展，才能保证和提高标准的质量和水平，加快标准的制定速度。因此工程建设标准制修订程序管理制度，是工程建设标准化管理制度中重要的一项内容，在《工程建设国家标准管理办法》《工程建设行业标准管理办法》以及国务院各有关部门和各省、自治区、直辖市建设行政主管部门发布的有关工程建设标准化的管理制度中，均对制修订程序作出了具体的规定。由于各级各类工程建设标准其复杂程度、涉及面的大小和相关因素的多少差异比较大，所以在编制的程序上也不尽相同，但一般都要经历准备阶段、征求意见阶段、送审阶段、报批阶段四个阶段。

工程建设标准，无论是强制性标准还是推荐性标准，在实际工作中都是一项具有一定约束力的技术文件，具有科学性和权威性，因此，标准文本在编写体例和文字表述方法上，显得非常重要。另外，规范的标准文本的格式、内容构成、表达方法等也会使标准的使用者易于接受，有利于正确理解和使用标准。《工程建设标准编写规定》对标准的编写作出了明确的规定。

① 准备阶段。主要工作包括：筹建编制组、制定工作大纲、召开编制组成立会议。

② 征求意见阶段。主要工作包括：搜集整理有关的技术资料、开展调查研究或组织试验验证、编写标准的征求意见稿、公开征求各有关方面的意见。

③ 送审阶段。主要工作包括：补充调研或试验验证、编写标准的送审稿、筹备审查工作、组织审查。

④ 报批阶段。主要工作包括：编写标准的报批稿、完成标准的有关报批文件、组织审核等。

3) 批准发布。工程建设国家标准由国务院工程建设行政主管部门批准，由国务院工程建设行政主管部门和国务院标准化行政主管部门联合发布。工程建设行业标准由国务院有关行业主管部门批准、发布和编号，涉及两个及以上国务院行政主管部门行业标准，一般联合批准发布，由一个行业主管部门负责编号。行业标准批准发布后30日内应报国务院工程建设行政主管部门备案。目前，在工程建设地方标准的批准发布和编号方面，各省、自治区、直辖市的做法不尽相同，但无外乎三种情况：一是由建设行政主管部门负责，绝大部分省、自治区、直辖市如此；二是由建设行政主管部门批准，并和技术监督部门联合发布，由技术监督部门统一编号；三是由技术监督部门负责批准发布和编号，目前只有个别省、自治区、直辖市如此。地方标准批准发布后30日内应当报国务院建设行政主管部门备案。

4) 复审。工程建设标准复审是指对现行工程建设标准的适用范围、技术水平、指标参数等内容进行复查和审议，以确认其继续有效、废止或予以修订的活动。对于确保或提高标准的技术水平，使标准的技术规定及时适应客观实际的要求，不断提高标准自身的有序化程度，避免标准对工程建设技术发展的反作用，具有十分重要的意义。

5) 局部修订。局部修订制度是工程建设标准化工作适应我国经济社会和科学技术迅猛发展要求的一项制度，为把新技术、新产品、新工艺、新材料以及建设实践的新经验，甚至重大事故的教训及时、快捷地纳入标准提供了条件。

6) 日常管理。工程建设标准实施过程中，执行主体必然会对其技术内容提出各种问题，包括对标准内容的进一步解释、对标准内容的修改意见等；同时，科技进步和生产、建设实践经验的积累，也需要及时调整标准的技术规定。日常管理的主要任务是负责标准解释，调查了解标准的实施情况，收集和研究国内外有关标准、技术信息资料和实践经验。

（2）工程建设标准实施与监督制度

标准的实施与监督是标准化工作的关键内容。《标准化法》及《标准化法实施条例》对标准实施及监督均作出了具体的规定：一是强制性标准必须执行，不符合强制性标准的产品禁止生产、销售和进口；推荐性标准，国家鼓励企业自愿采用；二是监督的对象，包括强制性标准，企业自愿采用的推荐性标准，企业备案的产品标准，认证产品的标准，研制新产品、改进产品和技术改造过程中应当执行的标准。对于工程建设标准的实施，主要是《建筑法》《节约能源法》《建设工程质量管理条例》《建设工程勘察设计管理条例》及《实施工程建设强制性标准监督规定》提出了明确的要求。

《建筑法》中规定："建筑活动应当确保建筑工程质量和安全，符合国家的建设工程安全标准"。《节约能源法》中规定："建筑工程的建设、设计、施工和监理单位应当遵守建筑节能标准。不符合建筑节能标准的建筑工程，建设主管部门不得批准开工建设；已经开工建设的，应当责令停止施工、限期改正；已经建成的，不得销售或者使用。建设主管部门应当加强对在建建筑工程执行建筑节能标准情况的监督检查。"《建设工程勘察设计管理条例》中规定："建设工程勘察、设计单位必须依法进行建设工程勘察、设计，严格执行工程建设强制性标准，并对建设工程勘察、设计的质量负责"。《建设工程质量管理条例》中规定："建设单位不得明示或者暗示设计单位或者施工单位违反工程建设强制性标准，降低建设工程质量。勘察、设计单位必须按照工程建设强制性标准进行勘察、设计、并对其勘察、设计的质量负责。施工单位必须按照工程设计图纸和施工技术标准施工，不得擅自修改工程设计，不得偷工减料"。

《实施工程建设强制性标准监督规定》对于工程建设强制性标准的实施作出了全面的规定，主要包括以下几个方面：一是明确了工程建设强制性标准的概念，即工程建设强制性标准是指直接涉及工程质量、安全、卫生及环境保护等方面的工程建设标准强制性条文，奠定了"强制性条文的法律地位"。二是确定了监督机构的职责，即国务院建设行政主管部门负责全国实施工程建设强制性标准的监督管理工作。国务院有关行政主管部门按照国务院的职能分工负责实施工程建设强制性标准的监督管理工作。县级以上地方人民政府建设行政主管部门负责本行政区域内实施工程建设强制性标准的监督管理工作。建设项目规划审查机关应当对工程建设规划阶段执行强制性标准的情况实施监督。施工图设计文件审查单位应当对工程勘察、设计阶段执行强制性标准的情况实施监督。建筑安全监督管理机构应当对工程建设施工阶段执行施工安全强制性标准的情况实施监督。工程质量监督机构应当对工程建设施工、监理、验收等阶段执行强制性标准的情况实施监督。同时，规定了工程建设标准批准部门应当定期对建设项目规划审查机关、施工图设计文件审查单位、建筑安全监督管理机构、工程质量监督机构实施强制性标准的监督进行检查，以及工程建设标准批准部门应当对工程项目执行强制性标准情况进行监督检查。三是对监督检查的方式，规定了重点检查、抽查和专项检查三种方式。四是对监督检查的内容，其中规定：①有关工程技术人员是否熟悉、掌握强制性标准；②工程项目的规划、勘察、设计、施工、验收等是否符合强制性标准的规定；③工程项目采用的材料、设备是否符合强制性标准的规定；④工程项目的安全、质量是否符合强制性标准的规定；⑤工程中采用的导则、指南、手册、计算机软件的内容是否符合强制性标准的规定。

1) 工程建设标准的宣贯与培训。标准宣贯、培训是促进标准实施的重要手段，各级标准化管理机构对发布实施的重要标准均组织开展宣贯与培训工作，取得了积极的效果，有力促进了该标准的实施。如 2000 年"工程建设标准强制性条文"发布后，建设部在全国范围内组织开展了大规模的宣贯、培训活动，取得的积极成果有力促进了"工程建设标准强制性条文"实施。为配合建筑节能工作，住房和城乡建设部连续组织开展了《公共建筑节能设计标准》GB 50189—2015 等一批重点标准的宣贯，全国有近 200 万人次参加培训。

2）施工图审查。施工图设计文件审查是指建设行政主管部门及其认定的审查机构，依据国家和地方有关部门法律法规、强制性标准规范，对施工图设计文件中涉及地基基础、结构安全等进行的独立审查。施工图审查是政府主管部门对建筑工程勘察设计质量监督管理的重要环节，是基本建设必不可少的程序。施工图审查中一项主要的内容就是工程设计是否符合工程建设强制性标准的要求，从而保证工程建设标准，特别是强制性标准，在工程建设中全面贯彻执行。

3）工程监督检查。目前，对工程建设进行监督检查主要是工程质量监督和安全生产监督。工程质量监督是指建设行政主管部门或其委托的工程质量监督机构根据国家法律、法规和工程建设强制性标准，对参与工程建设各方主体和有关机构履行质量责任的行为以及工程实体质量进行监督检查、维护公众利益的行政执法行为。安全生产检查制度是指上级管理部门对安全生产状况进行定期或不定期检查的制度。通过检查发现隐患问题，采取及时有效的补救措施，可以把事故消灭在发生之前，做到防患于未然，同时也可以总结出好的经验以预防同类隐患的发生。《建设工程安全生产管理条例》规定：国务院建设行政主管部门对全国的建设工程安全生产实施监督管理。国务院铁路、交通、水利等有关部门按照国务院规定的职责分工，负责有关专业建设工程安全生产的监督管理。县级以上地方人民政府建设行政主管部门对本行政区域内的建设工程安全生产实施监督管理。县级以上地方人民政府交通、水利等有关部门在各自的职责范围内，负责本行政区域内的专业建设工程安全生产的监督管理。标准的执行情况均为工程质量、安全监督检查的重要内容，通过监督检查，有力推动了标准的实施。

4）竣工验收备案。建设工程竣工备案制度是要求工程竣工后将建设工程竣工验收报告和规划、公安消防、环保等部门出具的认可文件或者准许使用文件报建设行政主管部门或者其他有关部门备案的管理制度，是加强政府监督管理，防止不合格工程流向社会的一个重要手段。《建设工程质量管理条例》规定："建设行政主管部门或者其他有关部门发现建设单位在竣工验收过程中有违反国家有关建设工程质量管理规定行为的，责令停止使用，重新组织竣工验收。"这项制度的建立实现了"报建—施工图审查—核发施工许可证—工程质量监督检查—竣工验收—备案"的封闭管理链，使标准、规范、规程及其强制性标准的实施在各个环节中得到认真的贯彻和执行。

5）标准咨询工作。标准咨询是标准日常管理工作的重要内容，为工程建设标准的准确执行提供了保障。开展标准咨询包括两项工作，一是对标准的内容进行解释，使广大工程技术人员能够全面掌握标准的要求；二是积极提供咨询服务，处理工程建设标准在实施中的问题；三是参加工程建设相关检查，处理相关工程质量安全事故。根据相关规定，目前工程建设国家标准的强制性条文均由住房和城乡建设部进行解释，具体解释由工程建设标准强制性条文咨询委员会承担，经住房和城乡建设部批准后发布，工程建设行业标准的强制性条文由主管部门或行业协会等负责解释。标准中具体技术内容的解释均由标准的主编单位负责。

三、企业标准体系

（一）基本概念

1. 标准体系的概念

随着经济发展和社会进步，建设工程向着单体大型化、功能多样化发展，对于工程建设标准化工作来说，标准化对象越来越复杂，加上完成工程建设任务的技术、产品的多样性，要在工程建设领域实现标准化目标，需要制定大量的标准，而且每一项标准并不是孤立的，存在着相互联系，构成一个整体，即标准体系。

《标准体系表构建原则和要求》GB/T 13016—2018 对标准体系的定义是："一定范围内的标准按其内在联系形成的科学的有机整体。"准确把握标准体系的内涵，必须要正确理解定义中以下关键词的含义。

（1）"一定范围"是指标准所覆盖的范围，也是标准系统工作的范围，比如，国家标准体系包含的是全国范围内的标准，某省的标准体系包含的范围是省范围内的标准。工程建设标准体系是工程建设领域范围内的全部标准，企业标准体系是企业范围内的标准，地基施工标准体系仅是地基施工范围内的标准。标准体系本质上具有"系统"的特征，按照系统论的原理，任何一个系统都有边界，这个"系统"的边界对应到标准体系就是"一定范围"。

（2）"内在联系"包括三种形式：一是系统联系，也就是各分系统之间及分系统与子系统之间存在的相互依赖又相互制约的联系；二是上下层次联系，即共性与个性的联系；三是左右之间的联系，即相互统一协调、衔接配套的联系。"科学的有机整体"是指为实现某一特定目的而形成的整体，它不是简单地叠加，而是根据标准的基本要素和内在联系所组成的具有一定集合程度和水平的整体结构。

2. 工程建设标准体系概念

按照标准体系的概念，工程建设标准体系是工程建设某一领域的所有工程建设标准相互依存、相互制约、相互补充和衔接，构成一个科学的有机整体。与工程建设某一专业有关的标准，可以构成该专业的工程建设标准体系。与某一工程建设行业有关的标准，可以构成该行业的工程建设标准体系。以实现全国工程建设标准化为目的的所有标准，形成了全国工程建设标准体系。

工程建设标准体系是以标准体系框架的形式体现出来，即用标准体系结构图、标准项目明细表和必要的说明来表达标准体系的层次结构及其全部标准名称的一种形式。编制工程建设标准体系框架的主要作用是指导工程建设标准制修订工作，利用标准体系框架合理安排工程建设标准制修订计划，合理确定工程建设标准项目和适用范围，避免标准重复、交叉和矛盾。

目前，住房和城乡建设部已组织编制了城乡规划、城镇建设、房屋建筑、石油化工、有色金属、纺织、医药、电力、化工、铁路、煤炭、建材、冶金、工程防火、林业、电子、石油天然气 17 个领域的工程建设标准体系，以及建筑节能、城市轨道交通 2 个专项标准体系。水利、交通、通信、能源、广播电影电视等部门完成了本部门、行业的标准体系框架。每个领域、行业中的标准再进一步按专业进行划分（横向），每个专业再将标准分为基础标准、通用标准和专用标准（纵向），形成划分明确（横向）、层次恰当（纵向）和全面成套（体系覆盖面）的标准体系。

3. 企业标准化

按照标准化定义，企业标准化概念可理解为：在企业生产、经营、管理范围内获得最佳秩序，对实际的或潜在的问题制定共同的和重复使用的规则的活动。上述活动尤其要包括建立和实施企业标准体系，制定、发布企业标准和贯彻实施各级标准的过程；标准化的显著好处是改进产品、过程和服务的适用性，使企业获得更大成功。

企业标准化的一般概念应把握其是以企业获得最佳秩序和效益为目的，以企业生产、经营、管理等大量出现的重复性事物和概念为对象，以先进的科学、技术和生产实践经验的综合成果为基础，以制定和组织实施标准体系及相关标准为主要内容的有组织的系统活动。

企业标准化工作的主要内容是，贯彻执行国家和地方有关标准化的法律、法规、方针政策，建立和实施企业标准体系，实施国家标准、行业标准和地方标准，并结合本企业的实际情况，制定企业标准，对标准实施进行监督检查，开展标准体系和标准实施的评估、评价工作，积极改进企业标准化工作，参与国家标准化工作。

对于工程建设企业，企业标准化工作是一项细致而复杂的工作，工程建设企业标准化体系的建立以及企业标准的制定、实施和监督检查均需要投入一定的人力、物力和财力。因此，工程建设企业必须加强企业标准化工作的组织领导，应当由本企业的主要领导负责，由本企业内部各部门主要负责人组成，可采取企业标准化委员会的形式建立企业标准化管理机构，统一领导和协调本企业的标准化工作。同时，应建立一支精干稳定的标准化工作队伍。

4. 企业标准体系

按照标准体系的定义，企业标准体系是企业内的标准按其内在的联系形成的科学的有机整体。体系的覆盖范围是一个企业，凡是企业范围内的生产、技术和经营管理都应有相应的标准，并纳入企业标准体系。

企业标准体系是企业标准化的主要成果，是全面支撑企业生产、经营、管理的基础，具有以下 5 项基本特征：

（1）目的性

建立企业标准体系必须有明确的目标，诸如保障工程质量、提高工作效率、降低资源能源消耗、确保安全、保护环境等，目标应是具体的、可测量的，为企业的生产、经营、管理活动提供全面的支撑。

（2）集成性

标准体系中标准的相互关联、相互作用使得体系呈现出集成性的特征。随着生产社会化发展及工程项目大型化发展，任何一个单独的标准都难以独立发挥其效能，这也客观要求标准体系相互关联，有较高的集成度，能够确保标准体系满足标准体系目标实现的要求。

（3）层次性

标准体系是一个复杂的系统，由很多单项标准集成，它们要根据各项标准间的相互联系和作用关系，集合构成有机整体。要发挥其系统而有序功能，必须将一个复杂的系统实现分层管理，一般是高层次标准对低层次标准有制约作用，而低层次标准成为高层次标准的基础。例如，现行工程建设标准体系中的基础标准、通用标准，对专项标准具有指导和约束作用。

（4）动态性

任何一个系统都不可能是静止的、孤立的、封闭的，标准体系作为一个系统处于更大的系统环境之中，与环境的有关要素相互作用，进行信息交换，不断补充新的标准，淘汰落后的、不适应发展要求的标准，保持动态的特性。例如，国家经济不断发展、人民生活水平不断提高，标准的水平客观要求不断提高，另外，新技术、新产品的出现，也增添了标准发展的动力，因此这种外部环境的动力使得标准体系呈现动态特性。企业标准体系也是这样，要随着国家标准化的发展而不断变化。

（5）阶段性

阶段性体现的是标准体系进步发展的特征，标准化的作用发挥要求标准体系必须处于相对稳定的状态，就是标准体系中标准数量一定、标准水平适应经济社会发展的要求，这使标准处于一个阶段。随着外界环境的变化，不断补充完善标准，使得标准数量和水平处于一种新的阶段。但是，要认识到标准体系是一个人为的体系，它的阶段性受人的控制，可能出现不适应或滞后于客观实际的状态，需要及时分析、评价和改进。

（二）企业标准体系构成

1. 企业标准体系构成范围

企业内的标准不是彼此孤立的，它们之间存在着功能上的联系。只有将它们按其内在的联系严密地组织起来，才能充分发挥其作用。企业标准之间按其内在联系构成了企业标准体系，企业标准体系的作用是支撑企业的生产、经营和管理，主要有以下几项内容构成：

（1）企业生产、经营的方针、目标；

（2）相关的国家法律、法规；

（3）标准化的法律、法规；

（4）相关的国家标准、行业标准和地方标准；

（5）本企业标准。

企业标准体系是一个宽泛的概念，包含了企业围绕生产、经营、管理的需要所执行的各类"文件"，既包含了按照标准定义所制定的各级各类标准文件，也包含了企业应遵守的各项法律、法规。

标准……按照各类标准的功能、作用，通过技术、管理……标准体系总体框架（图 3-1）。

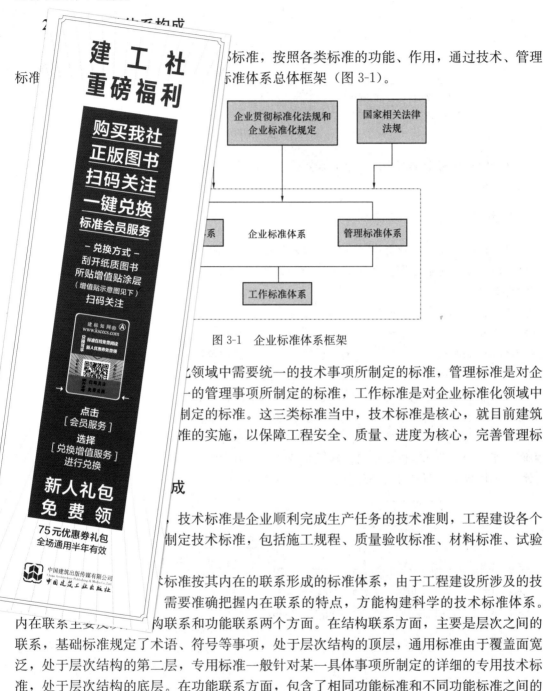

图 3-1　企业标准体系框架

……化领域中需要统一的技术事项所制定的标准，管理标准是对企……一的管理事项所制定的标准，工作标准是对企业标准化领域中……制定的标准。这三类标准当中，技术标准是核心，就目前建筑……准的实施，以保障工程安全、质量、进度为核心，完善管理标

……成

……，技术标准是企业顺利完成生产任务的技术准则，工程建设各个……制定技术标准，包括施工规程、质量验收标准、材料标准、试验

……术标准按其内在的联系形成的标准体系，由于工程建设所涉及的技……需要准确把握内在联系的特点，方能构建科学的技术标准体系。

内在联系主要包括……构联系和功能联系两个方面。在结构联系方面，主要是层次之间的联系，基础标准规定了术语、符号等事项，处于层次结构的顶层，通用标准由于覆盖面宽泛，处于层次结构的第二层，专用标准一般针对某一具体事项所制定的详细的专用技术标准，处于层次结构的底层。在功能联系方面，包含了相同功能标准和不同功能标准之间的联系，比如，同样是工程质量验收标准，混凝土结构验收标准和装饰装修标准之间的联系是相同功能标准之间的联系，质量验收标准与混凝土施工技术规程之间的联系是不同功能标准之间的联系。

企业技术标准体系结构可以针对工程项目建设的需要按工作性质划分不同模块，排列形成序列结构（图 3-2），反映企业标准体系结构。

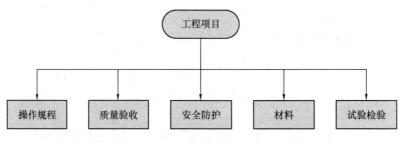

图 3-2　企业标准体系序列结构

序列结构中各个模块中的标准，还可以进一步进行层次划分，分为基础标准、通用标准和专用标准。

4. 管理标准体系构成

管理标准体系是企业标准体系中的管理标准按照其内在联系形成的科学的有机整体。管理标准体系是企业标准体系中的子体系，其作用体现在保证技术标准体系有效实施，保证管理的高效、科学。

各个企业都结合自身的经营目标，制定本企业的各项管理规章制度，但管理制度与管理标准之间还存在一定的差异，主要体现在系统性与可操作性方面。在系统性差异方面，由于标准在编制过程中运用了系统分析的方法，对企业范围内全部所需要管理的事项，运用标准化原理，进行协调、统一、优化后制定管理标准，形成管理标准体系，这样的管理标准体系能够把孤立的、分散的管理事项汇集成整体管理功能最佳优势，每个管理标准都是管理标准体系中的一个环节，整个管理标准体系具有较强的系统性，而管理制度多为针对管理工作的一般程序、要求和问题作出的规定，各部门制定各自的规定，彼此缺乏统一协调，相比较管理标准体系而言，缺乏系统性。在可操作性差异方面，管理标准在形式上比规章更加灵活，而且对每个环节、转换过程中各项工作为什么干、干到什么程度都规定得十分清楚，内容上可以做到定量，有时间要求则规定时间要求，不能定量的也要规定得具体明确，而一般管理制度定性的多、定量的少，相比较而言，管理标准具有更好的可操作性和可考核性。

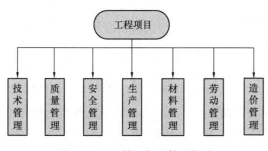

图 3-3　企业管理标准体系构成

对于建设企业，管理事项一般包括技术管理、质量管理、安全管理、生产管理、材料管理、劳动管理、造价管理等，针对工程项目各项管理内容制定相应的标准构成了企业的管理标准体系，图 3-3 反映了企业管理标准体系的构成。

序列中每个模块又包含通用标准和专用标准两个层次。

5. 工作标准体系构成

工作标准体系是企业标准体系中的工作标准按其内在联系形成的科学的有机整体，它是以与生产经营相关的岗位工作标准为主体，包括为保证技术标准和管理标准的实施而制定的其他工作标准。对于建设企业，工作标准体系构成见图3-4。

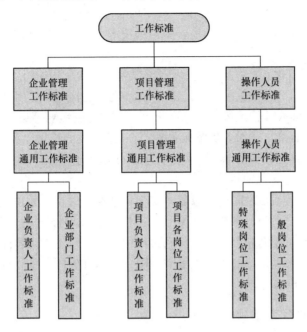

图 3-4　工作标准体系构成

对于企业而言，通用标准一般规定各岗位人员遵守国家的法律法规和企业的规章制度的行为准则，各岗位的专用工程标准要根据各岗位工作情况分别制定。

工作标准的内容应能体现该岗位职责、工作内容、工作方法及量化要求，要满足有关技术标准和管理标准的要求，能够促进和保证技术标准和管理标准的贯彻实施，考核条款必须明确、具体，具有可操作性。

（三）企业标准体系表编制

1. 编制要求

标准体系表是把一定范围的标准体系内的标准按照一定形式排列起来并以图表的形式表述出来，作为编制标准和实施标准的依据。通过企业标准体系表，既能够清晰反映出针对企业生产、经营、管理活动已有哪些标准，尚缺哪些标准，同时，又能够清晰反映出在企业的生产、经营、管理的各项工作过程中，应该遵守哪些标准要求。因此，这就要求标准体系表要全面成套、层次恰当、划分明确。

（1）全面成套

企业标准体系表应力求全面成套，尽量做到全，只有全才能反映企业标准体系的整体性，才能全面支撑企业的各项生产、经营、管理活动。全面成套主要体现在以下几个方面：

① 全面贯彻国家标准、行业标准和地方标准，凡是适用于本企业生产、经营、管理的国家标准、行业标准和地方标准都应纳入企业标准体系表中；

② 标准项目齐全，要求标准体系中的标准项目要覆盖企业生产、经营、管理各个环

节，同时标准项目划分要合理，不能有标准项目重复交叉的情况；

③ 标准的内容要科学、适用，标准中规定的各项技术要求要合理，既要满足国家法律法规和政策的要求，又要有可操作性，要做到技术、管理、经济的协调统一。

（2）层次恰当

层次恰当包括两层含义，一是企业标准体系结构中，要有清晰的层次，层次之间的关系代表了不同层次的标准之间的关系；二是每一项标准要根据标准的适用范围，恰当地安排在不同的层次和位置上，企业标准体系中标准上下、左右的关系要理顺，上下层是从属关系，下层标准要服从上层标准。比如，基础标准规定了工程建设的符号、术语等，是指导各项标准编制的基础，处于体系结构的最上层，各项标准的编制均应遵守基础标准的规定。

（3）划分明确

划分明确要求标准项目之间减少重复、交叉，避免矛盾。一般情况下，工程建设标准体系按照专业进行横向划分，各个专业按照其工作内容开展标准化工作，制定相关标准，规范各项活动，因此，在编制企业标准体系过程中，要针对工作内容即标准化对象，合理确定标准项目，避免将应该制定成一项标准的同一项标准的同一事物或概念，由两项以上标准同时重复制定或没有标准。

2. 企业标准体系表格式

编制标准体系表主要是确定标准体系表的空间结构和标准项目，一般情况下，标准体系表包括标准体系结构图、标准明细表和标准项目说明三部分。标准体系的结构是由纵向结构和横向结构相统一形成的整体空间结构，纵向结构代表了标准体系的层次，横向结构代表了标准体系所覆盖的领域。

图 3-5 代表了建设类企业标准体系的典型层次结构。

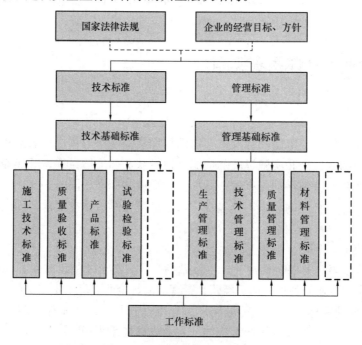

图 3-5　企业标准体系层次结构

第一层为企业生产经营的基础体系，包括了企业应遵守的法律法规以及企业生产经营所确定的目标、方针，对以下各层次的标准都具有约束和指导作用。

第二层次为生产经营的标准体系，包括了技术标准、管理标准和工作标准，其中技术标准和管理标准体系又可分为基础标准和专项标准两个层次。

图 3-6 代表了建设类企业标准体系的典型横向领域结构。

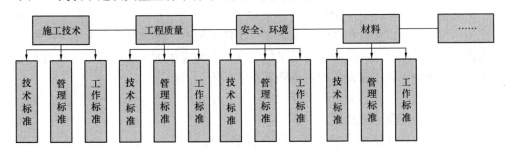

图 3-6　横向领域结构

标准体系的横向结构是将标准体系整体，按照标准化对象的细分，结合工作性质的不同，分成若干相互关联的结构模块，每个模块可以自成体系，包含了技术标准、管理标准和工作标准。

在实际应用中，这两种结构形式可选择一种作为构建标准体系的结构。层次结构内容全面，覆盖面广，适用于机构或大型建设项目为范围或对象的标准体系构建。横向领域结构的每个模块的内容"弹性"较大，即可多可少，适用性强，适用于专项或普通项目为对象的标准体系构建，在建设项目管理中应用较为方便。

确定企业标准体系中标准项目，任务就是对照企业标准体系结构中的各个模块，确定模块中的标准项目，以列表的形式体现出来，列表要能够表达出编码、标准名称、标准编号、标准属性、强制性表文编号以及被替代标准号等信息，其中，编码是体系编制者为查询方便按照一定的规则确定的编码。

表 3-1 是常用的标准项目明细表。

常用的标准项目明细表　　　　　　　　　　　　　　　　　　　　　　表 3-1

题名：×××层次或领域标准明细表

序号	编码	标准名称	标准属性	强制性条文编号	被替代标准号

标准项目说明要说明标准的适用范围、主要技术内容。

（四）工程项目应用标准体系构建

1. 工程项目标准体系

（1）工程项目标准体系的范围

这里所提到的"范围"，是指标准体系所涵盖的工作内容，与工作的对象直接相关。

39

工程项目标准体系是为顺利完成工程项目建设而构建的一类标准体系,是企业标准体系的重要组成部分。它的范围是工程项目建设过程中各个环节、各项工作内容所涉及的标准,不同的项目、不同的工作范围,标准体系也不尽相同,如房屋建筑工程和市政工程项目的标准体系有很大不同,同样是房屋建筑,主体结构工程和装饰工程的标准体系也不相同,可以说由于工程项目的差异决定了工程项目标准体系的"个性化"。

(2)工程项目标准体系编制依据

首先,与工程项目建设相关的国家法律、法规和标准。国家法律、法规和标准是工程项目建设过程中必须遵守的准则,这是工程建设各方的应尽责任,包括《建筑法》《建设工程质量管理条例》和《建设工程安全管理条例》等。

其次,企业的各项管理制度。工程项目建设是企业生产经营活动的重要组成部分,应该严格执行企业的各项管理制度。

最后,工程项目的技术要求。每一项工程都存在差异,不存在一套标准体系"打天下"的局面,建立工程项目标准体系的目的是顺利完成项目建设,工程项目标准体系必须要依据工程项目的技术要求。

(3)工程项目标准体系结构

工程项目建设涉及技术、材料、设备、管理等,是一项复杂的系统工程,先确定工程项目标准体系的结构是编制完善的工程项目标准体系的重要环节,直接决定了标准项目能否覆盖工程建设活动的全部工作内容。

在确定工程项目标准体系结构时应充分考虑各项工作内容的差异,比如施工技术管理和材料管理的差异,工程质量管理和安全管理的差异。同时,还要兼顾各岗位工作的需要,比如技术管理岗位、质量管理岗位、安全管理岗位、材料管理岗位的需要。可以采用模块化结构反映工程项目标准体系的结构。图3-7给出了普通工程项目标准体系的结构。

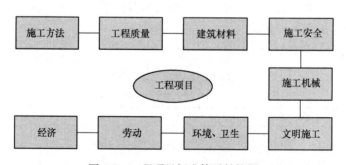

图3-7 工程项目标准体系结构图

结构图中,每一个模块还可以再进一步分解,如何细分要根据项目的规模、项目管理岗位人员设置的情况,以方便使用、更好地服务于工程建设为出发点。

(4)标准项目明细表

在确定工程项目标准体系结构之后,要列出标准项目明细表,要对应每一个模块分别列出标准项目明细表(格式见表3-1),明细表中的项目应包含适用于该项目建设的全部标准,包括国家标准、行业标准、相关地方标准和企业标准。

工程项目标准体系结构图和标准项目明细表共同构成了工程项目标准体系整体。

2. 工程项目应执行的强制性标准体系表

按照我国相关的法律法规，强制性标准必须严格执行，不执行强制性标准，企业要承担相应的法律责任。目前，工程建设强制性标准是指工程建设标准中直接涉及安全、质量、环境保护和人身健康的条文。编制工程项目应执行的强制性标准体系表，可以保障工程项目建设过程中有效贯彻执行强制性标准，保障工程安全、质量，而且从近年来发生的安全、质量事故来看，大部分事故是由于没有严格执行强制性标准造成的。

工程建设强制性标准条文是分散在每一项标准当中，编制工程项目应执行的强制性标准体系表的任务，就是将工程项目应执行的工程建设标准中的强制性条文进行整理、列表汇编，供工程项目建设过程中使用。编制过程中，关键是要确保强制性条文齐全，不能遗漏。

表 3-2 是工程项目强制性标准体系表的样式。

强制性标准体系表　　　　　　　　　　　　　　　　　　表 3-2

序号	工作环节	标准名称及编号	强制性条文内容	说明

工作环节是工程项目标准体系结构图中的各个模块，在说明栏目中可以对执行强制性条文的要求进一步说明。目前，工程建设标准中的强制性条文在条文说明中均有说明，也可以引用过来，为执行强制性条文提供帮助。

（五）企业标准制定

1. 制定企业标准对象

标准的制定和实施是企业标准化活动的主要任务。企业标准是对企业范围内需要协调统一的技术要求、管理要求和工作要求所制定的标准，它是企业组织生产和经营活动的依据。

但存在以下情况时，应当制定企业标准：

（1）凡设有国家标准、行业标准和地方标准，而需要在企业生产、经营活动中统一的技术要求和管理要求；

（2）根据企业情况，对国家标准、行业标准进行补充制定的，严于国家标准、行业标准要求的标准；

（3）新技术、新材料、新工艺应用的方法标准；

（4）生产、经营活动中需要制定的管理标准和工作标准。

2. 制定企业标准应遵循的一般原则

（1）贯彻国家和地方有关的方针、政策、法律、法规、严格执行强制性国家标准、行业标准和地方标准。

（2）保证工程质量、安全、人身健康，充分考虑使用要求，保护环境。

（3）有利于企业技术进步，保证和提高工程质量，改善经营管理和增加经济效益。

（4）有利于合理利用资源、能源、推广科学技术成果，做到技术先进，经济合理。

（5）本企业内的企业标准之间协调一致。

3. 技术标准的制定

制定企业技术标准，要符合以下要求：

（1）标准不只是"实践经验的总结"和"已有水平的总结和提高"，而应将新技术和先进的科技成果，在生产中加以应用，通过制定先进的标准，使其成为推动技术发展的动力；

（2）制定标准既要有利于当前的生产，又要为提高创造条件；

（3）把技术标准制定同新技术、新材料、新工艺推广应用结合起来，做到先制定出标准，再应用；

（4）把技术标准规定和技术创新加以区别，在缺乏反复试验的情况下，不宜将技术创新纳入标准，不能无把握地去超越客观条件；

（5）要选好标准的制定时机。制定得过早，将妨碍技术的发展，制定得过迟，又会形成难以统一的弊端。

新技术的工业化过程可分为三个阶段：即研究、研制阶段，试制试生产阶段和工业化生产阶段。在试制、试生产阶段和工业化生产前期是制定标准的理想时期。在试制、试生产阶段，新技术不够稳定，制定的标准经过一段时间的使用必须及时修订、完善。

4. 管理标准的制定

管理标准是对企业标准化领域中需要协调统一的管理事项所制定的标准。管理事项主要是指在生产、经营管理中，如技术、生产、能源、计量、设备、安全、卫生、环保、经营、销售、材料、劳动组织等与实施技术标准有关的重复性事物和概念。

管理标准的内容一般包括：管理业务的任务；完成管理业务的数量和质量要求；管理工作的程序和方法；与其他部门配合要求，即不仅规定管什么，还要规定管多大范围，管理到什么程度和达到的要求等。这样才能做到目标明确，责有所归，便于执行。

（1）制定管理标准，要从企业实际出发，不搞形式，要注意生产中各道工序之间的衔接配合，领导与工人之间、工人与工人之间、前方与后方之间、科室与车间之间、各科室之间的协作配合，并要明确职责，严明纪律。管理标准要为企业全面质量管理创造良好条件，在全面质量管理中不断调整和修改。

（2）制定管理标准应收集上级的有关法规、规程、规定和办法，结合企业内的规章制度，研究它们之间的相互关系，针对企业生产经营中的特点和问题，进行规划，这样既吸收了企业多年的管理经验，也符合上级的要求。

（3）制定管理标准，必须在标准化人员的指导下，有现场工作人员参加，以便通过实践进一步思考问题，完善标准。最好是谁的标准谁制定，这样的标准最切合实际，最便于执行。最后，还要经过协调和审定。

（4）制定管理标准时，对不好贯彻和难以落实的可有可无的条目，不要列入标准。制定管理标准不宜求全，要抓住重要环节、突出重点、简明扼要，才能制定出切合实际、易于贯彻的少量标准，使之易于取得效果。

（5）管理制度是管理标准的基础，管理标准是对管理制度的继承、发展、提高和升华。对应该而且必要制定管理标准的可制定管理标准，暂时不宜制定或根本就不需要将某一规章制度改变为管理标准的，可保留规章制度。不要搞一刀切，需要把规章制度转化为标准的，要严格按制定标准的程序办事。

（6）制定管理标准总的要求是：既要符合社会化大生产客观规律的要求，促进生产力的发展，又要适合我国进入商品市场的特点，与我国企业管理的总要求相适应。主要是要有利于调节国家、企业、职工三者之间的关系，尤其是利益分配的问题。总之，管理标准是企业建立良好秩序和完善管理机制的条件。要从理顺各种内部关系，强化生产和经营机制着手，体现系统和协调、法制和激励要求，才能产生标准的实际效果。

5. 工作标准的制定

工作标准是对企业标准化领域中需要协调统一的工作事项所制定的标准。工作事项主要是指在执行相应的管理标准和技术标准时，与工作岗位的工作范围、责任、权限、方法、质量考核等有关的重复性事务及与工作程序有关的事项。

工作标准的内容包括：规定岗位承担的职责、任务、权限、技能要求；明确承担任务的数量和质量要求；完成任务的程序和工作方法；岗位之间的衔接配合；规定考核办法等。

工作程序是规定办事的步骤、顺序。质量要求是规定每个步骤应达到的水平和目标。为了检查是否达到规定的质量要求，还必须制定相应的评定办法和内容。

（1）制定工作标准时，要注意既要有定性要求，又要有定量指标。不仅要规定做什么，还要规定怎么做，按什么顺序做和做到什么程度。

（2）工作标准的重点应放在作业（操作）标准上。制定工作标准时，一定要有操作工人参加，定好基本动作，在工作中所采用的方法要有利于作业者开动脑筋找窍门。同时，要总结过去成功的经验，使之既可提高工作质量，又可防止发生隐患，既可改善现有的工作面貌，又可促进操作水平的提高。

（3）制定工作标准的科学方法，从改进现状入手，用标准的形式把改进后的成果固定下来，加以推广应用。制定作业标准的成功经验是把技术操作规程、安全规程、设备维护规程同作业标准融为一体，尽量做到简练、实用，以便记忆和操作。

（4）制定工作标准，要对作业进行程序研究，采取直接观察的办法，发现问题，然后针对存在的问题进行分析研究；对作业方法、环境及材料等，发现不合理的因素，从中寻求提高工作效率的方法，然后制定成标准，遵照执行。改进工作程序和场地布置，改进工具和设备，减小劳动强度，达到正确、安全、轻松和高效的目的。

（5）制定工作标准应明确功能要素，规定岗位的工作范围，反映达到的目标。任务应具体，无法考核和低功能的要素，不宜列入标准。在可能条件下，尽量提出量化要求，即使是提出定性要求，也应具体、准确。

（6）上岗人员基本素质的要求。根据岗位的劳动强度、复杂程度、难度和环境等对上岗人员提出身体条件、文化素质、政治素质、公共关系等要求，以利于功能的充分发挥。还要规定对承担责任者应具有的权力和考核办法，使责、权、利统一。

（7）制定工作标准时，首要的问题是对标准化对象的功能进行分析，判断其所处的层次和应具备的功能要素。只有做好标准化对象的功能分析，才能恰如其分地规定功能要求和做恰当的配置。

四、相 关 标 准

（一）基础标准

在工程建设标准体系中，基础标准是指在某一专业范围内作为其他标准的基础并普遍使用，具有广泛指导意义的术语、符号、计量单位、图形、模数、基本分类、基本原则等的标准，如城市规划术语标准、建筑结构术语和符号标准等。

《民用建筑设计术语标准》GB/T 50504—2009 规定了建筑学基本术语的名称及对应的英文名称，定义或解释适用于各类建筑设计、建筑构造、技术经济指标等名称。

《房屋建筑制图统一标准》GB/T 50001—2017 规定了房屋建筑制图的基本标准和统一标准，包括图线、字体、比例、符号、定位轴线、材料图例、画法等。

《建筑制图标准》GB/T 50104—2010 规定了建筑及室内设计专业制图标准化，包括建筑和装修图线、图例、图样画法等。

（二）施工技术规范

1. 概念

随着建筑工程技术的发展，新材料和新的结构体系的出现，要求建筑结构施工技术与之相适应。城市建设的发展和地下空间的开发等，对施工技术提出了更高的要求。因此国内外均非常重视建筑工程技术的研究开发及新技术的应用。而施工工艺规范则是对建筑工程和市政工程的施工条件、程序、方法、工艺、质量、机械操作等的技术指标，以文字形式作出规定的工程建设标准。

施工技术规范是施工企业进行具体操作的方法，是施工企业的内控标准，它是企业在统一验收规范的尺度下进行竞争的法宝，把企业的竞争机制引入到拼实力、拼技术上来，真正体现市场经济下企业的主导地位。施工技术规范的构成复杂，它既可以是一项专门的技术标准，也可以是施工过程中某专项的标准，这些标准主要体现在行业标准、地方标准的一些技术规程、操作规程，如《混凝土泵送施工技术规程》JGJ/T 10—2011、《钢筋机械连接技术规程》JGJ 107—2016、《钢筋焊接网混凝土结构技术规程》JGJ 114—2014、《建筑基坑支护技术规程》JGJ 120—2012、《约束砌体与配筋砌体结构技术规程》JGJ 13—2014、《混凝土小型空心砌块建筑技术规程》JGJ/T 14—2011、《预应力筋用锚具、夹具和连接器应用技术规程》JGJ 85—2010、《冷轧带肋钢筋混凝土结构技术规程》JGJ 95—2011、《钢框胶合板模板技术规程》JGJ 96—2011 等。

但是我们也要看到，我们的企业长期以来习惯执行国家、行业或地方标准，一些中小企业还没有建立起自己的企业标准和施工技术规范，特别是一些基础性、常规性的施工技术规范，但没有标准是不能施工的，不能进行"无标生产"，对于这样的情况，企业优先采用地方的施工操作规程，可以将一些协会标准、施工指南、手册等其中的技术进行转化为本企业的标准。

施工技术规范所涉及的范围广，既可以是操作规程、工法，也可以是规范。如果我们把工艺、方法编成标准，就有可能影响技术进步，使新技术、新材料、新工艺成为"非法"；也可能因条件改变却遵守规范出现问题时仍然"合法"，使规范成为掩护技术落后的借口。工艺、方法内容强制化将不利于市场竞争和技术优化。过多地照顾落后的中小企业将使我们在国际竞争中面临更大困难。工艺、方法类内容本来就属于生产控制的范畴，除少量涉及验收的内容须在验收规范中反映外，应以推荐性标准或企业标准的形式反映。这样做完全没有放弃对质量严格控制的意思。

2. 重要标准示例

【示例 4-1】《混凝土结构工程施工规范》GB 50666—2011

该规范（以下简称施工规范）提出了混凝土结构工程施工管理和过程控制的基本要求，是我国混凝土结构施工的通用性技术标准。其主要内容包括总则、术语、基本规定、模板工程、钢筋工程、预应力工程、混凝土制备与运输、现浇结构工程、装配式结构工程，冬期、高温和雨期施工，环境保护11章及6个附录。

施工规范提出了混凝土结构工程施工管理和过程控制的基本要求，是我国混凝土结构施工的通用性技术标准。施工规范适用于建筑工程混凝土结构的施工，与《混凝土结构设计规范》GB 50010—2010（2015年版）的适用范围一致。根据《建筑工程施工质量验收统一标准》GB 50300—2013 对分部工程的划分，施工规范适用范围对应于主体结构分部工程中的混凝土结构子分部工程，同时也对应主体结构分部工程中的型钢、钢管混凝土结构子分部工程和地基基础分部工程中的混凝土基础子分部工程等。施工规范既适用于现场混凝土结构施工，也适用于预拌混凝土生产、预制构件生产、钢筋加工等场外施工。

施工规范在控制施工质量的同时，积极采用了新技术、新工艺、新材料，并加强了节材、节水、节能、节地与环境保护等要求，反映了建筑领域可持续发展理念，贯彻执行了国家技术经济政策。施工规范将成为我国建筑施工领域最常用、最重要的标准之一，其贯彻实施将对混凝土结构工程施工技术进步和质量提高发挥重要作用。

【示例 4-2】《通风与空调工程施工规范》GB 50738—2011

该规范适用于建筑工程中通风与空调工程的施工安装过程，共分16章，主要技术内容包括总则、术语、基本规定、金属风管及配件制作、非金属与复合风管及配件制作、风阀及部件制作、支吊架制作与安装、风管及部件安装、空气处理设备安装、空调冷热源与辅助设备安装、空调水系统管道与附件安装、空调制冷剂管道与附件安装、防腐与绝热、监测与控制系统安装、检测与试验、通风与空调系统试运行与调试等。

该规范内容既有通风与空调工程施工中的主体内容，又将设备、系统检测与试验、试运行与调试内容纳入进来，同时又增加了通风与空调工程的监测与控制系统的安装内容，形成了一套独立完整的从制作、安装到运行调试的全过程施工操作指导。该规范编制内容突出了施工工序，每个分部施工以工序为主线，按施工工序的顺序提供操作要点，既统一了施工企业的操作流程，又满足了施工技术人员对规范的使用要求；为了充分发挥该规范的施工指导作用，根据通风与空调工程的安装内容，给出了具体的科学、合理的技术措施，必要的内容附图解释，达到了施工规范中的具体施工操作指导效果，满足了目前的工程需求。该规范中强调了施工过程的质量检查要求，为实现《通风与空调工程施工质量验收规范》GB 50243—2016 的要求提供了条件，从而可以缓解施工企业与质量验收机构的矛盾冲突。

3. 重要施工技术规范列表（表 4-1）

重要施工技术规范列表 表 4-1

序号	标准名称	标准编号
1	冷弯薄壁型钢结构技术规范	GB 50018—2002
2	岩土锚杆与喷射混凝土支护工程技术规范	GB 50086—2015
3	地下工程防水技术规范	GB 50108—2008
4	滑动模板工程技术标准	GB/T 50113—2019
5	混凝土外加剂应用技术规范	GB 50119—2013
6	混凝土质量控制标准	GB 50164—2011
7	混凝土升板结构技术标准	GB/T 50130—2018
8	粉煤灰混凝土应用技术规范	GB/T 50146—2014
9	汽车加油加气加氢站技术标准	GB 50156—2021
10	洪泛区和蓄滞洪区建筑工程技术标准	GB/T 50181—2018
11	建设工程施工现场供用电安全规范	GB 50194—2014
12	组合钢模板技术规范	GB 50214—2013
13	土工合成材料应用技术规范	GB/T 50290—2014
14	住宅装饰装修工程施工规范	GB 50327—2001
15	建筑边坡工程技术规范	GB 50330—2013
16	医院洁净手术部建筑技术规范	GB 50333—2013
17	混凝土电视塔结构技术规范	GB 50342—2003
18	屋面工程技术规范	GB 50345—2012
19	生物安全实验室建筑技术规范	GB 50346—2011
20	木骨架组合墙体技术标准	GB/T 50361—2018
21	建筑与小区雨水控制及利用工程技术规范	GB 50400—2016
22	硬泡聚氨酯保温防水工程技术规范	GB 50404—2017
23	预应力混凝土路面工程技术规范	GB 50422—2017
24	水泥基灌浆材料应用技术规范	GB/T 50448—2015
25	城市轨道交通工程项目规范	GB 55033—2022
26	燃气工程项目规范	GB 55009—2021
27	大体积混凝土施工标准	GB 50496—2018
28	建筑施工组织设计规范	GB/T 50502—2009

序号	标准名称	标准编号
29	重晶石防辐射混凝土应用技术规范	GB/T 50557—2010
30	墙体材料应用统一技术规范	GB 50574—2010
31	环氧树脂自流平地面工程技术规范	GB/T 50589—2010
32	乙烯基酯树脂防腐蚀工程技术规范	GB/T 50590—2010
33	智能建筑工程施工规范	GB 50606—2010
34	纤维增强复合材料建设工程应用技术标准	GB 50608—2020
35	住宅信报箱工程技术规范	GB 50631—2010
36	建筑工程绿色施工评价标准	GB/T 50640—2010
37	混凝土结构工程施工规范	GB 50666—2011
38	预制组合立管技术规范	GB 50682—2011
39	坡屋面工程技术规范	GB 50693—2011
40	建设工程施工现场消防安全技术规范	GB 50720—2011
41	预防混凝土碱骨料反应技术规范	GB/T 50733—2011
42	装配式混凝土结构技术规程	JGJ 1—2014
43	高层建筑混凝土结构技术规程	JGJ 3—2010
44	高层建筑筏形与箱形基础技术规范	JGJ 6—2011
45	空间网格结构技术规程	JGJ 7—2010
46	混凝土泵送施工技术规程	JGJ/T 10—2011
47	轻骨料混凝土应用技术标准	JGJ/T 12—2019
48	混凝土小型空心砌块建筑技术规程	JGJ/T 14—2011
49	蒸压加气混凝土制品应用技术标准	JGJ/T 17—2020
50	钢筋焊接及验收规程	JGJ 18—2012
51	冷拔低碳钢丝应用技术规程	JGJ 19—2010
52	V形折板屋盖设计与施工规程	JGJ/T 21—93
53	施工现场临时用电安全技术规范	JGJ 46—2005
54	普通混凝土用砂、石质量及检验方法标准	JGJ 52—2006
55	房屋渗漏修缮技术规程	JGJ/T 53—2011
56	普通混凝土配合比设计规程	JGJ 55—2011
57	混凝土用水标准	JGJ 63—2006
58	液压滑动模板施工安全技术规程	JGJ 65—2013
59	建筑工程大模板技术标准	JGJ/T 74—2017
60	建筑地基处理技术规范	JGJ 79—2012
61	钢结构焊接规范	GB 50661—2011
62	钢结构高强度螺栓连接技术规程	JGJ 82—2011

序号	标准名称	标准编号
63	预应力筋用锚具、夹具和连接器应用技术规程	JGJ 85—2010
64	无粘结预应力混凝土结构技术规程	JGJ 92—2016
65	建筑桩基技术规范	JGJ 94—2008
66	冷轧带肋钢筋混凝土结构技术规程	JGJ 95—2011
67	钢框胶合板模板技术规程	JGJ 96—2011
68	砌筑砂浆配合比设计规程	JGJ/T 98—2010
69	高层民用建筑钢结构技术规程	JGJ 99—2015
70	玻璃幕墙工程技术规范	JGJ 102—2003
71	塑料门窗工程技术规程	JGJ 103—2008
72	建筑工程冬期施工规程	JGJ/T 104—2011
73	机械喷涂抹灰施工规程	JGJ/T 105—2011
74	钢筋机械连接技术规程	JGJ 107—2016
75	建筑与市政工程地下水控制技术规范	JGJ 111—2016
76	建筑玻璃应用技术规程	JGJ 113—2015
77	钢筋焊接网混凝土结构技术规程	JGJ 114—2014
78	建筑基坑支护技术规程	JGJ 120—2012
79	工程网络计划技术规程	JGJ/T 121—2015
80	既有建筑地基基础加固技术规范	JGJ 123—2012
81	外墙饰面砖工程施工及验收规程	JGJ 126—2015
82	金属与石材幕墙工程技术规范	JGJ 133—2001
83	组合结构设计规范	JGJ 138—2016
84	外墙外保温工程技术标准	JGJ 144—2019
85	混凝土异形柱结构技术规程	JGJ 149—2017
86	种植屋面工程技术规程	JGJ 155—2013
87	建筑轻质条板隔墙技术规程	JGJ/T 157—2014
88	地下建筑工程逆作法技术规程	JGJ 165—2010
89	清水混凝土应用技术规程	JGJ 169—2009
90	建筑陶瓷薄板应用技术规程	JGJ/T 172—2012
91	自流平地面工程技术规程	JGJ/T 175—2018
92	公共建筑节能改造技术规范	JGJ 176—2009
93	补偿收缩混凝土应用技术规程	JGJ/T 178—2009
94	逆作复合桩基技术规程	JGJ/T 186—2009
95	施工现场临时建筑物技术规范	JGJ/T 188—2009
96	钢筋阻锈剂应用技术规程	JGJ/T 192—2009

序号	标准名称	标准编号
97	钢管满堂支架预压技术规程	JGJ/T 194—2009
98	液压爬升模板工程技术标准	JGJ/T 195—2018
99	施工企业工程建设技术标准化管理规范	JGJ/T 198—2010
100	型钢水泥土搅拌墙技术规程	JGJ/T 199—2010
101	喷涂聚脲防水工程技术规程	JGJ/T 200—2010
102	石膏砌块砌体技术规程	JGJ/T 201—2010
103	海砂混凝土应用技术规范	JGJ 206—2010
104	装配箱混凝土空心楼盖结构技术规程	JGJ/T 207—2010
105	轻型钢结构住宅技术规程	JGJ 209—2010
106	刚—柔性桩复合地基技术规程	JGJ/T 210—2010
107	建筑工程水泥—水玻璃双液注浆技术规程	JGJ/T 211—2010
108	地下工程渗漏治理技术规程	JGJ/T 212—2010
109	现浇混凝土大直径管桩复合地基技术规程	JGJ/T 213—2010
110	铝合金门窗工程技术规范	JGJ 214—2010
111	铝合金结构工程施工规程	JGJ/T 216—2010
112	纤维石膏空心大板复合墙体结构技术规程	JGJ 217—2010
113	混凝土结构用钢筋间隔件应用技术规程	JGJ/T 219—2010
114	抹灰砂浆技术规程	JGJ/T 220—2010
115	纤维混凝土应用技术规程	JGJ/T 221—2010
116	预拌砂浆应用技术规程	JGJ/T 223—2010
117	预制预应力混凝土装配整体式框架结构技术规程	JGJ 224—2010
118	大直径扩底灌注桩技术规程	JGJ/T 225—2010
119	低张拉控制应力拉索技术规程	JGJ/T 226—2011
120	低层冷弯薄壁型钢房屋建筑技术规程	JGJ 227—2011
121	植物纤维工业灰渣混凝土砌块建筑技术规程	JGJ/T 228—2010
122	倒置式屋面工程技术规程	JGJ 230—2010
123	建筑外墙防水工程技术规程	JGJ/T 235—2011
124	建筑遮阳工程技术规范	JGJ 237—2011
125	混凝土基层喷浆处理技术规程	JGJ/T 238—2011
126	再生骨料应用技术规程	JGJ/T 240—2011
127	人工砂混凝土应用技术规程	JGJ/T 241—2011
128	建筑钢结构防腐蚀技术规程	JGJ/T 251—2011
129	钢筋锚固板应用技术规程	JGJ 256—2011
130	预制带肋底板混凝土叠合楼板技术规程	JGJ/T 258—2011

序号	标准名称	标准编号
131	建筑排水塑料管道工程技术规程	CJJ/T 29—2010
132	民用建筑修缮工程施工标准	JGJ/T 112—2019
133	聚乙烯燃气管道工程技术标准	CJJ 63—2018
134	建筑给水塑料管道工程技术规程	CJJ/T 98—2014
135	埋地塑料给水管道工程技术规程	CJJ 101—2016
136	城镇供热直埋蒸汽管道技术规程	CJJ 104—2014
137	建筑与小区管道直饮水系统技术规程	CJJ/T 110—2017
138	游泳池给水排水工程技术规程	CJJ 122—2017
139	建筑排水金属管道工程技术规程	CJJ 127—2009
140	透水水泥混凝土路面技术规程	CJJ/T 135—2009
141	城镇地热供热工程技术规程	CJJ 138—2010
142	城市桥梁桥面防水工程技术规程	CJJ 139—2010
143	埋地塑料排水管道工程技术规程	CJJ 143—2010
144	燃气冷热电三联供工程技术规程	CJJ 145—2010
145	城市户外广告和招牌设施技术标准	CJJ 149—2021
146	建筑给水金属管道工程技术标准	CJJ/T 154—2020
147	建筑给水复合管道工程技术规程	CJJ/T 155—2011
148	膨胀土地区建筑技术规范	GB 50112—2013
149	管井技术规范	GB 50296—2014
150	节段预制混凝土桥梁技术标准	CJJ/T 111—2013

（三）质量验收规范

1. 概念

"质量验收规范"是整个施工标准规范的主干，指导各专项工程施工质量验收规范是《建筑工程施工质量验收统一标准》GB 50300—2013，验收这一主线贯穿于建筑工程施工活动的始终。施工质量要与《建设工程质量管理条例》提出的事前控制、过程控制结合起来，分为生产控制和合格控制。施工质量验收规范属于合格控制的范畴，也属于"贸易标准"的范畴，可以由"验收"促进前期的生产控制，从而达到保证质量的目的。

2. 重要标准示例

【示例 4-3】《建筑工程施工质量验收统一标准》GB 50300—2013
该标准是指导工程质量验收内容、验收程序、验收方法的核心标准，是建筑工程各专业验收规范的统一准则，共分 6 章、8 个附录，具体包括：第一章：总则，第二章：术语,第三章:基本规定,第四章:建筑工程施工质量验收的划分,第五章:建筑工程施工质量验收,第六章:建筑工程施工质量验收的程序和组织。

该标准的主要内容如下:

(1) 提出工程验收的划分方式(检验批、分部工程、分项工程、单位工程);

(2) 检验批、分部工程、分项工程、单位工程验收的合格要求;

(3) 单位工程的验收要求,分部工程的验收指标要求由专业验收规范具体规定;

(4) 验收的程序和组织,就是由谁组织、谁参与;

(5) 进场检验、见证检验、复检的一些要求;

(6) 其他一些原则性的通用规定,如抽样、让步验收的规定;

(7) 常用验收表格的一般格式。

【示例 4-4】《混凝土结构工程施工质量验收规范》GB 50204—2015

该规范规定了混凝土结构工程施工质量验收的内容、方法,主要内容如下:

(1) 检验体系

混凝土结构工程是整个建筑工程质量验收规范体系中的子分部工程,分为模板、钢筋、预应力、混凝土、现浇结构、装配式结构 6 个分项工程。前 4 个分项为施工工艺控制类型,后 2 个分项为结构综合验收类型。根据施工工序和验收的需要,各分项工程又可分为多个检验批。这 3 个层次的检验形成了严密的质量检验和控制体系。

(2) 检验类型

以施工操作人员的自检、互检、交接检以及施工单位专业人员的检查评定为基础,由监理人员组织检验批、分项工程和子分部工程的验收。对影响结构安全的重要项目,还应穿插由各方参加的见证检测并在子分部工程验收前进行实体检测,以确保工程质量。

(3) 检验等级

根据对施工及结构安全的影响和重要性,各种检验分为主控项目和一般项目分别作出要求。从质量要求、检查数量(检验批和抽样数量)和检验方法(检验手段)三方面落实检验的可操作性。对采用计数检验的一般项目,采用允许偏差的合格点率作为验收界限,但仍强调对严重超差情况的控制。

(4) 质量要求

提高了一般项目检查合格点率的要求(由 70% 提高为 80% 或 90%);提高了混凝土结构外观质量的要求;建立了拆模或装配施工后全数观察检查并及时修整的检查验收方式,以有效地保证混凝土结构的成型质量。

(5) 验收程序

将施工过程中操作、方法类的检查移出作为指南的内容,以减少检查验收工作量;突出对结构质量起控制作用的检查项目,并强化验收,简化检查验收表格,减少设计方与建设方的签字。明确与结构性能有关的重要项目检查时各方的责任,以突出重点。

(6) 结构实体检验

建立了完整的对实体结构的混凝土强度和对结构性能有重要影响的钢筋位置进行实体检验的方案,包括检验的条件、范围、内容、方法、数量、检查人员、检验组织及验收界限,保证了检查结果的真实性,加强了对混凝土结构施工质量的控制。

（7）同条件养护混凝土试件

通过试验研究及调查统计，建立了根据同条件养护试件检验结构混凝土强度的方案，作为对以标养试件验收的混凝土强度的补充和复核，能够更真实地反映实际结构中的混凝土强度。这对杜绝造假行为、整顿市场秩序、保证工程质量起到了积极作用。

3. 重要施工质量验收标准列表（表4-2）

重要施工质量验收标准列表　　　　　　　　表4-2

序号	标准名称	标准编号
1	建筑工程施工质量验收统一标准	GB 50300—2013
2	烟囱工程技术标准	GB/T 50051—2021
3	沥青路面施工及验收规范	GB 50092—1996
4	水泥混凝土路面施工及验收规范	GBJ 97—1987
5	给水排水构筑物工程施工及验收规范	GB 50141—2008
6	建筑地基基础工程施工质量验收标准	GB 50202—2018
7	砌体结构工程施工质量验收规范	GB 50203—2011
8	混凝土结构工程施工质量验收规范	GB 50204—2015
9	钢结构工程施工质量验收标准	GB 50205—2020
10	木结构工程施工质量验收规范	GB 50206—2012
11	屋面工程质量验收规范	GB 50207—2012
12	地下防水工程施工质量验收规范	GB 50208—2011
13	建筑地面工程施工质量验收规范	GB 50209—2010
14	建筑装饰装修工程质量验收标准	GB 50210—2018
15	建筑防腐蚀工程施工规范	GB 50212—2014
16	建筑防腐蚀工程施工质量验收规范	GB 50224—2018
17	建筑给水排水及采暖工程施工质量验收规范	GB 50242—2002
18	通风与空调工程施工质量验收规范	GB 50243—2016
19	给水排水管道工程施工及验收规范	GB 50268—2008
20	地下铁道工程施工质量验收标准	GB/T 50299—2018
21	建筑电气工程施工质量验收规范	GB 50303—2015
22	电梯工程施工质量验收规范	GB 50310—2002
23	建筑内部装修防火施工及验收规范	GB 50354—2005
24	建筑工程施工质量评价标准	GB/T 50375—2016
25	建筑节能工程施工质量验收标准	GB 50411—2019
26	盾构法隧道施工及验收规范	GB 50446—2017
27	建筑结构加固工程施工质量验收规范	GB 50550—2010
28	铝合金结构工程施工质量验收规范	GB 50576—2010
29	建筑物防雷工程施工与质量验收规范	GB 50601—2010
30	跨座式单轨交通施工及验收规范	GB 50614—2010

序号	标准名称	标准编号
31	住宅区和住宅建筑内通信设施工程验收规范	GB/T 50624—2010
32	钢管混凝土工程施工质量验收规范	GB 50628—2010
33	无障碍设施施工验收及维护规范	GB 50642—2011
34	钢筋混凝土筒仓施工与质量验收规范	GB 50669—2011
35	传染病医院建筑施工及验收规范	GB 50686—2011
36	人民防空工程施工及验收规范	GB 50134—2004
37	建筑涂饰工程施工及验收规程	JGJ/T 29—2015
38	外墙饰面砖工程施工及验收规程	JGJ 126—2015
39	城镇道路工程施工与质量验收规范	CJJ 1—2008
40	城市桥梁工程施工与质量验收规范	CJJ 2—2008
41	城镇供热管网工程施工及验收规范	CJJ 28—2014
42	城镇燃气输配工程施工及验收标准	GB/T 51455—2023
43	城镇道路沥青路面再生利用技术规程	CJJ/T 43—2014
44	无轨电车牵引供电网工程技术规范	CJJ/T 72—2015
45	城镇地道桥顶进施工及验收标准	CJJ/T 74—2020
46	园林绿化工程施工及验收规范	CJJ 82—2012
47	城市道路照明工程施工及验收规程	CJJ 89—2012
48	城镇燃气室内工程施工与质量验收规范	CJJ 94—2009

54

（四）试验、检验标准

1. 概念

由于工程建设是由多道工序和众多构件组成的，工程建设的现场抽样检测能较好地评价工程的实际质量。为了确定工程是否安全和是否满足功能要求，所以制定了工程建设试验、检测标准。

另外，工程建设施工质量的实体检验涉及地基基础和结构安全及主要功能的抽样检验，能够较客观和科学地评价单体工程施工质量是否达到规范要求的结论。由于20世纪80年代的验评标准着重于外观和定性检验，对抽样检验和定量检验的要求没有涉及，致使工程建设现场抽样检验标准发展不快。随着工程建设检验技术、方法和仪器研制的进展，这方面的技术标准逐步得到了重视，已制定和正在制定相应的工程建设质量试验、检测技术标准，比如《砌体工程现场检测技术标准》GB/T 50315—2011、《玻璃幕墙工程质量检验标准》JGJ/T 139—2020 和《建筑结构检测技术标准》GB/T 50344—2019 等。

2. 重要标准示例

【示例 4-5】《混凝土强度检验评定标准》GB/T 50107—2010

主要内容是：

（1）术语、符号。包括混凝土、龄期、混凝土强度、合格性评定、检验期、样本容量、抗压强度标准值、强度代表值、标准差、合格性评定系数等。

（2）试件取样频率的规定。根据将来采用的检验评定方法，制定检验批的划分方案和相应的取样计划，是为了避免因施工、制作、试验等因素导致混凝土强度缺少试验试件。对混凝土强度进行合格评定时，保证混凝土取样的随机性，是使所抽取的试样具有代表性的重要条件。此外考虑到搅拌机出料口的混凝土拌合物，经运输到达浇筑地点后，混凝土的质量还与离析程度有关，因此规定试样应在浇筑地点抽取。预拌混凝土的出厂和交货检验与《预拌混凝土》GB/T 14902—2012 的规定相同。

（3）C60 及以上高强混凝土非标准尺寸试件确定折算系数的方法。当采用非标准尺寸试件将其抗压强度折算为标准尺寸试件抗压强度时，折算系数需要通过试验确定。本条规定了试验的最少试件数量，有利于提高换算系数的准确性。一个对组为两组试件，一组为标准尺寸试件，另一组为非标准尺寸试件。

（4）评定方法中标准差已知方案中的标准差计算公式。标准差的计算方法由极差估计法改为公式计算法。同时，当计算得出的标准差小于 2.5MPa 时，取值为 2.5MPa。

（5）评定方法中标准差未知方案的评定条文。验收函数中的 λ_1 系数确定如下：根据《建筑工程施工质量验收统一标准》GB 50300—2013 第 3.0.5 条的规定，生产方风险和用户方风险均应控制在 5% 以内。同时，设定可接收质量水平 $AQL = f_{cu,k} + 1.645\sigma$（可接收质量水平相当于具有不低于 95% 的保证率），极限质量水平 $LQ = f_{cu,k} + 0.2533\sigma$（极限质量水平相当于具有不低于 60% 的保证率）。调整 λ_1 的值，采用蒙特卡罗（Monte-Carlo）法进行多次模拟计算，在生产方供应的混凝土质量水平较高（数据离散性较小）的情况下，得到生产方风险（即错判概率 α）和用户方风险（漏判概率 β）基本可控制在 5% 左右或以下；当混凝土质量水平较差（数据离散性较大）时，也能使用户方风险始终控制在 5% 以内。本标准新方案与原标准的对比计算结果表明，新方案均严于原标准。对小于 C30 的混凝土，两者相差不大。但随着强度等级的提高（标准差随之降低），新方案比原标准越来越严格。

（6）评定方法中非统计方法的评定条文。《混凝土强度检验评定标准》GBJ 107—1987 中非统计方法所选用的参数是在过去混凝土强度普遍不高的情况下规定的。而随着混凝土不断强化和高强混凝土应用越来越多时，原规定对强度等级为 C60 及以上的高强混凝土是过于严格的。因此，本次修订在采用蒙特卡罗法模拟计算的基础上，对超过（包括）C60 强度等级的混凝土强度评定作了适当调整。

【示例 4-6】《普通混凝土长期性能和耐久性能试验方法标准》GB/T 50082—2009

该标准是由原来原国家标准《普通混凝土长期性能和耐久性能试验方法》GBJ 82—1985 修订而成。混凝土材料失效而进行结构修复的成本日益提高，人们越来越重视混凝土材料的耐久性能。规范和健全混凝土耐久性试验方法是进行混凝土耐久性基础研究和相关工程技术应用的前提和基础，同时也是工程中检测和评价混凝土耐久性的重要依据。

GBJ 82—1985 自 1985 年发布以来，20 多年未经修订，而近年来混凝土的理论和技术已经发生了很大的变化，出现了新的测试技术和仪器设备。原标准的内容已经不能满足现代混凝土技术的发展需要，因此，此次修订增加了若干新内容。在标准的修订过程中，一方面对原有的方法进行了修改完善，另一方面，对近些年来发展成熟的耐久性测试方法进行了研究，针对我国的国情和混凝土技术发展水平，进行了必要的增补。本次修订，修改完善了试验方法 9 项，增加新的试验方法 8 项。修订后，该标准涵盖混凝土耐久性能和长期性能的标准化试验方法 17 项。主要的修订内容有：

（1）完善了"慢冻法"，要求采用自动冻融试验机，克服了原方法操作麻烦，工作量大，试验周期长，且不容易控制试验条件，导致试验结果误差较大等缺点。

（2）参考国内外的研究成果和标准规范，增加了"单面冻融法"，适用于道路混凝土及混凝土在非饱水状态下有盐溶液存在时的冻融循环。该方法适于对某一表面在盐溶液冻融作用下（如盐渍土地区的地下混凝土结构、海港工程的混凝土结构等）混凝土的抗冻性进行评价，具有较强的针对性。

（3）根据现代混凝土趋向于高强、高密实化的特点，本标准在参考欧洲以及我国交通、电力、水工等行业标准的基础上，制定了（平均）渗水高度方法。该方法是通过在混凝土试件上持续 24h 施加 1.2MPa 的水压力，然后测量试件的渗水高度，以反映混凝土的抗水渗透性能。该方法试验时间较短且试验结果比较准确，可操作性较强。

（4）在参考国外先进标准（如 NT BUILD 492）的基础上，等同采用制定了"快速氯离子迁移系数法（RCM 法）"，该方法是通过测量氯离子迁移（扩散）系数反映混凝土的抗氯离子渗透性能。

（5）根据美国材料试验协会（ASTM）推荐的混凝土抗氯离子渗透性试验方法标准 ASTM C1202 修改制定了"电通量法"，它是目前国际上应用最为广泛的混凝土抗氯离子渗透性的试验方法之一。该方法对于大多数普通混凝土是适用的，而且与其他电测法有较好的相关性。

（6）为了适应现代混凝土的早期收缩明显增大的特点，增加了"非接触式收缩测试方法"，该方法能在混凝土硬化前，利用测量精度非常高（不低于 0.002mm）的传感器通过光、电、磁信号等手段获取混凝土试件的体积变形数据。该方法体现了目前测试技术的进步，有利于混凝土早期变形性能的研究和控制。

（7）本次修订是以 ICBO 标准试验方法为基础，并进行了较大的改进，通过系统的试验研究验证后，形成了"早期抗裂试验方法"。本标准采用刀口诱导开裂，故可称其为"刀口法"。该方法操作简单、方便，开裂敏感性好，容易达到试验目的。

（8）本标准修订时，结合多年来混凝土土壤腐蚀的研究成果，制定了"抗硫酸盐侵蚀试验方法"，以混凝土立方体试件在硫酸盐溶液中经受一定次数的干湿循环后，测试残余抗压强度为指标的试验方法。

（9）本方法主要参考加拿大标准 CAN/CSA-A23.2-14A:2004 等国外先进标准制定了"碱-骨料反应试验方法"。该法可用来评价粗骨料或者细骨料或者粗细混合骨料的潜在膨胀活性，也可以用来评价辅助胶凝材料（即掺合料）对碱-硅反应的抑制效果。

3. 重要试验、检验标准列表（表 4-3）

重要试验、检验标准列表　　　　　　　　　　　　　表 4-3

序号	标准名称	标准编号
1	普通混凝土拌合物性能试验方法标准	GB/T 50080—2016
2	普通混凝土力学性能试验方法标准	GB/T 50081—2019
3	普通混凝土长期性能和耐久性能试验方法标准	GB/T 50082—2009
4	混凝土强度检验评定标准	GB/T 50107—2010
5	砌体基本力学性能试验方法标准	GB/T 50129—2011
6	混凝土结构试验方法标准	GB/T 50152—2012
7	砌体工程现场检测技术标准	GB/T 50315—2011
8	木结构试验方法标准	GB/T 50329—2012
9	建筑结构检测技术标准	GB/T 50344—2019
10	钢结构现场检测技术标准	GB/T 50621—2010
11	建筑变形测量规范	JGJ/T 8—2016
12	早期推定混凝土强度试验方法标准	JGJ/T 15—2021
13	回弹法检测混凝土抗压强度技术规程	JGJ/T 23—2011
14	钢筋焊接接头试验方法标准	JGJ/T 27—2014
15	建筑砂浆基本性能试验方法标准	JGJ/T 70—2009
16	建筑工程检测试验技术管理规范	JGJ 190—2010
17	建筑基桩检测技术规范	JGJ 106—2014
18	建筑工程饰面砖粘结强度检验标准	JGJ 110—2017
19	贯入法检测砌筑砂浆抗压强度技术规程	JGJ/T 136—2017
20	玻璃幕墙工程质量检验标准	JGJ/T 139—2020
21	房屋建筑与市政基础设施工程检测分类标准	JGJ/T 181—2009
22	锚杆锚固质量无损检测技术规程	JGJ/T 182—2009
23	混凝土耐久性检验评定标准	JGJ/T 193—2009
24	建筑门窗工程检测技术规程	JGJ/T 205—2010
25	后锚固法检测混凝土抗压强度技术规程	JGJ/T 208—2010
26	择压法检测砌筑砂浆抗压强度技术规程	JGJ/T 234—2011
27	城市地下管线探测技术规程	CJJ 61—2017
28	城镇供水管网漏水探测技术规程	CJJ 159—2011
29	盾构隧道管片质量检测技术标准	CJJ/T 164—2011

（五）施工安全标准

1. 概念

建筑施工安全，既包括建筑物本身的性能安全，又包括建造过程中施工作业人员的安全。建筑物本身的性能安全与建筑工程勘察设计、施工和维护使用等有关，目前在工程勘察、地基基础、建筑结构设计、工程防灾、建筑施工质量和建筑维护加固专业中已建立了相应的标准体系。建造过程中施工作业人员的安全主要是指建造过程中施工作业人员的安全和健康。建筑施工安全技术即是指建筑施工过程中保证施工作业人员的生命安全及身体健康不受侵害的施工技术。

自80年代初，建设部开始制定完善建筑施工安全技术标准，1980年颁发了《建筑安装工人安全技术操作规程》，1988年制定了《施工现场临时用电安全技术规范》JGJ 46—1988后修订为JGJ 46—2005，《建筑施工安全检查评分标准》JGJ 59—1988后修订为《建筑施工安全检查标准》JGJ 59—1999，此后又陆续制订了《液压滑动模板施工安全技术规程》JGJ 65—1989，《建筑施工高处作业安全技术规范》JGJ 80—1991，《龙门架及井架物料提升机安全技术规范》JGJ 88—1992，《建筑施工门式钢管脚手架安全技术规范》JGJ 128—2000，《建筑施工扣件式钢管脚手架安全技术规范》JGJ 130—2001，《建筑机械使用安全技术规程》JGJ 33—2001，《建设工程施工现场供用电安全规范》GB 50194—2014。我国建筑施工安全技术标准虽然起步较晚，但目前建筑施工安全标准体系已经基本形成，并在逐步加快完善。

2. 重要标准示例

【示例4-7】《建筑施工扣件式钢管脚手架安全技术规范》JGJ 130—2011

该规范是由原《建筑施工扣件式钢管脚手架安全技术规范》JGJ 130—2001（2001版与2002版）修订而成的。修订后的规范首次全面、系统地提出了扣件式满堂脚手架、满堂支撑架（含模板支架）的安全度，扣件式满堂脚手架、满堂支撑架（含模板支架）、型钢悬挑脚手架整体稳定性的计算方法。提出了保证整体稳定性的构造措施与施工规定，以及构配件与脚手架的安全检查与验收标准。提出了扣件式满堂脚手架、满堂支撑架（含模板支架）搭设尺寸、高宽比、最小跨度与承载力的关系。提出了支撑架主要传力构件可调托撑承载力要求及支撑架局部稳定的构造要求。提出了扣件式满堂脚手架、满堂支撑架（含模板支架）荷载分类、荷载标准值与荷载效应组合。对扣件式钢管脚手架，在设计与施工中做到技术先进、经济合理、安全适用有重大现实意义。

修订后的规范保留了单、双排扣件式钢管脚手架的设计与施工内容。提出了常用密目式安全立网全封闭式单、双排脚手架的设计尺寸。修改了作用脚手架上的水平风荷载标准值计算公式。使规范内容更符合工程实际。

在满堂脚手架与满堂支撑架方面，通过大量的模型实验，参考先进国家标准，结合国内长期使用经验，全面、系统提出了满堂脚手架、满堂支撑架的整体稳定性的计算方法，保证整体稳定性的构造措施与施工规定，以及构配件与满堂脚手架、满堂支撑架的安全检查与验收标准。

3. 重要施工安全技术规范列表（表4-4）

重要施工安全技术规范列表　　　　　　　表4-4

序号	标准名称	标准编号
1	大体积混凝土施工标准	GB 50496—2018
2	岩土工程勘察安全规范	GB 50585—2019
3	建设工程施工现场消防安全技术规范	GB 50720—2011
4	建筑机械使用安全技术规程	JGJ 33—2012
5	施工现场临时用电安全技术规范	JGJ 46—2005
6	建筑施工高处作业安全技术规范	JGJ 80—2016
7	龙门架及井架物料提升机安全技术规范	JGJ 88—2010
8	钢框胶合板模板技术规程	JGJ 96—2011
9	塑料门窗工程技术规程	JGJ 103—2008
10	建筑施工门式钢管脚手架安全技术规范	JGJ 128—2019
11	建筑施工扣件式钢管脚手架安全技术规范	JGJ 130—2011
12	建设工程施工现场环境与卫生标准	JGJ 146—2013
13	建筑拆除工程安全技术规范	JGJ 147—2016
14	施工现场机械设备检查技术规程	JGJ 160—2008
15	建筑施工模板安全技术规范	JGJ 162—2008
16	建筑施工木脚手架安全技术规范	JGJ 164—2008
17	地下建筑工程逆作法技术规程	JGJ 165—2010
18	建筑施工碗扣式钢管脚手架安全技术规范	JGJ 166—2016
19	建筑外墙清洗维护技术规程	JGJ 168—2009
20	多联机空调系统工程技术规程	JGJ 174—2010
21	建筑施工土石方工程安全技术规范	JGJ 180—2009
22	液压升降整体脚手架安全技术规程	JGJ 183—2019
23	建筑施工作业劳动防护用品配备及使用标准	JGJ 184—2009
24	液压爬升模板工程技术规程	JGJ 195—2018
25	建筑施工塔式起重机安装、使用、拆卸安全技术规程	JGJ 196—2010
26	建筑施工工具式脚手架安全技术规范	JGJ 202—2010
27	建筑施工升降机安装、使用、拆卸安全技术规程	JGJ 215—2010
28	建筑施工承插型盘扣式钢管支架安全技术规程	JGJ 231—2021

（六）城镇建设、建筑工业产品标准

1. 概念

产品是过程的结果，从广义上说，产品可分为四类：硬件、软件、服务、流程性材料。许多产品是由不同类别的产品构成，判断产品是硬件、软件、还是服务，主要取决于主导成分。这里所提到的产品，主要是指生产企业向顾客或市场以商品形式提供的制成品。在工程建设中，产品是指应用到工程中的材料、制品、配件等，构成建设工程的一部分。

产品标准是对产品结构、规格、质量和检验方法所做的技术规定，是保证产品适用性的依据，也是产品质量的衡量依据。在目前工程建设中所用产品数量、品种、规格较多，针对建筑产品管理常用的标准包括产品标准和产品检验标准。

这类标准规定了产品的品种，对产品的种类及其参数系列作出统一规定；另外，规定了产品的质量，既对产品的主要质量要素（项目）作出合理规定，同时对这些质量要素的检测（试验方法）以及对产品是否合格的判定规则作出规定。

2. 重要标准示例

【示例 4-8】《预拌混凝土》GB/T 14902—2012

该标准规定了预拌混凝土的定义、分类、标记、技术要求、供货量、试验方法、检验规则及订货与交货。该标准适用于集中搅拌站生产的预拌混凝土。该标准不包括运送货到交货地点后混凝土的浇筑、振捣及养护。

【示例 4-9】《预拌砂浆》GB/T 25181—2019

该标准主要内容包括二大类、十八个品种砂浆，规范了预拌砂浆，尤其是普通预拌砂浆的技术要求，以及原材料、制备、供应、运输、验收等要求。

3. 重要城镇建设、建筑工业产品标准列表（表 4-5）

重要城镇建设、建筑工业产品标准列表　　　　　　表 4-5

序号	标准名称	标准编号
1	预拌混凝土	GB/T 14902—2012
2	聚羧酸系高性能减水剂	JG/T 223—2017
3	钢纤维混凝土	JG/T 472—2015
4	预应力混凝土空心方桩	JG/T 197—2018
5	钢筋机械连接用套筒	JG/T 163—2013
6	结构用高频焊接薄壁 H 型钢	JG/T 137—2007
7	钢板桩	JG/T 196—2018

（七）工程建设强制性标准

1. 概念

原国家质量技术监督局于 2000 年和 2002 年分别下发了《关于强制性标准实行条文强制的若干规定》和《关于加强强制性标准管理的若干规定》，明确了强制性标准的形式分为全文强制和条文强制两种形式，并限定了强制性标准的范围。

强制性标准可分为全文强制和条文强制两种形式：标准的全部技术内容需要强制时，为全文强制形式；标准中部分技术内容需要强制时，为条文强制形式。

强制性标准应贯彻国家的有关方针政策、法律、法规，主要以保障国家安全、防止欺骗、保护人体健康和人身财产安全、保护动植物的生命和健康、保护环境为正当目标。强制性标准或强制条文的内容应限制在下列范围：有关国家安全的技术要求；保障人体健康和人身、财产安全的要求；产品及产品生产、储运和使用中的安全、卫生、环境保护、电磁兼容等技术要求；工程建设的质量、安全、卫生、环境保护要求及国家需要控制的工程建设的其他要求；污染物排放限值和环境质量要求；保护动植物生命安全和健康的要求；防止欺骗、保护消费者利益的要求；国家需要控制的重要产品的技术要求。

2000 年，国务院发布《建设工程质量管理条例》（国务院令第 279 号）。建设部颁布了与之配套的《实施工程建设强制性标准监督规定》（建设部令第 81 号），其中第二条和第三条规定，从事新建、扩建、改建等工程建设活动，必须执行工程建设强制性标准，且明确了工程建设强制性标准是指直接涉及工程质量、安全、卫生及环境保护等方面的工程建设标准强制性条文，从而确立了强制性条文的法律地位，并对加强建设工程质量的管理和加强强制性标准（强制性条文）实施的监督作出了具体规定，明确了各方责任主体的职责。

与此同时，建设部组织专家从已经批准的工程建设国家标准、行业标准中挑选带有"必须"和"应"规定的条文，对其中直接涉及人民生命财产安全、人身健康、环境保护和其他公众利益的条文进行摘录，形成了《工程建设标准强制性条文》。《工程建设标准强制性条文》共十五部分，包括城乡规划、城市建设、房屋建筑、工业建筑、水利工程、电力工程、信息工程、水运工程、公路工程、铁道工程、石油和化工建设工程、矿山工程、人防工程、广播电影电视工程和民航机场工程，覆盖了工程建设的各主要领域。其后，相继开展修编了《工程建设标准强制性条文》（房屋建筑部分）2002 年版、2009 年版、2013 年版，《工程建设标准强制性条文》（城乡规划部分）2013 年版，《工程建设标准强制性条文》（城镇建设部分）2013 年版，《工程建设标准强制性条文》（电力工程部分）2006 年版，《工程建设标准强制性条文》（水利部分）2010 年版，《工程建设强制性条文》（工业建筑部分）2012 年版。

自 2000 年以来，制订或修订工程建设标准，对其中直接涉及人民生命财产安全、人身健康、环境保护和其他公众利益以及提高经济效益和社会效益等方面要求的条款，经该标准的编制组提出，由审查会审定，报送相应的强制性条文管理机构审查批准后，作为强制性条款，保留在相应的标准当中，并在前言中加以说明。印刷时，其条款用黑体字注明。截至 2013 年 6 月 30 日，房屋建筑部分共有强制性标准（包括含强制性条文的标准和全文强制性标准）324 项。

2003 年，建设部组织开展了房屋建筑、城镇燃气、城市轨道交通技术法规的试点编制工作，继续推进工程建设标准体制改革。2005 年以来组织制定了全文强制性标准，如《住宅建筑规范》GB 50368—2005、《城市轨道交通技术规范》GB 50490—2009、《城镇燃气技术规范》GB 50494—2009、《城镇给水排水技术规范》GB 50778—2012 等。这些强制性条文和全文强制性标准构成了我国目前的工程建设强制性标准体系。

2013 年以来，工程建设标准化工作进入全面深化改革阶段，逐步用全文强制性标准取代现行标准中分散的强制性条文的改革任务。自 2019 年，住房和城乡建设部陆续下达全文强制性工程建设标准的编制计划，目前已发布了《燃气工程项目规范》等 36 项。全文强制性标准参照了国外发达国家技术法规的制定模式，分为工程项目类和通用技术类规范两类。全文强制性标准的编制为工程建设技术立法工作奠定了坚实的基础。

住房城乡建设领域已发布的全文强制性标准见表 4-6（至 2023 年 5 月 31 日）。

住房城乡建设领域已发布的全文强制性标准（至 2023 年 5 月 31 日）　　　表 4-6

序号	标准名称和编号	发布日期	实施日期
1	工程结构通用规范 GB 55001—2021	2021-4-9	2022-1-1
2	建筑与市政工程抗震通用规范 GB 55002—2021	2021-4-9	2022-1-1
3	建筑与市政地基基础通用规范 GB 55003—2021	2021-4-9	2022-1-1
4	组合结构通用规范 GB 55004—2021	2021-4-9	2022-1-1
5	木结构通用规范 GB 55005—2021	2021-4-12	2022-1-1
6	钢结构通用规范 GB 55006—2021	2021-4-9	2022-1-1
7	砌体结构通用规范 GB 55007—2021	2021-4-9	2022-1-1
8	混凝土结构通用规范 GB 55008—2021	2021-9-8	2022-4-1
9	燃气工程项目规范 GB 55009—2021	2021-4-9	2022-1-1
10	供热工程项目规范 GB 55010—2021	2021-4-9	2022-1-1
11	城市道路交通工程项目规范 GB 55011—2021	2021-4-9	2022-1-1
12	生活垃圾处理处置工程项目规范 GB 55012—2021	2021-4-9	2022-1-1
13	市容环卫工程项目规范 GB 55013—2021	2021-4-9	2022-1-1
14	园林绿化工程项目规范 GB 55014—2021	2021-4-9	2022-1-1
15	建筑节能与可再生能源利用通用规范 GB 55015—2021	2021-9-8	2022-4-1
16	建筑环境通用规范 GB 55016—2021	2021-9-8	2022-1-1
17	工程勘察通用规范 GB 55017—2021	2021-9-8	2022-1-1
18	工程测量通用规范 GB 55018—2021	2021-9-8	2022-4-1
19	建筑与市政工程无障碍通用规范 GB 55019—2021	2021-9-8	2022-4-1
20	建筑给水排水与节水通用规范 GB 55020—2021	2021-9-8	2022-4-1
21	既有建筑鉴定与加固通用规范 GB 55021—2021	2021-9-8	2022-4-1
22	既有建筑维护与改造通用规范 GB 55022—2021	2021-9-8	2022-4-1
23	施工脚手架通用规范 GB 55023—2022	2022-3-10	2022-10-1
24	建筑电气与智能化通用规范 GB 55024—2022	2022-3-10	2022-10-1
25	宿舍、旅馆建筑项目规范 GB 55025—2022	2022-3-10	2022-10-1
26	城市给水工程项目规范 GB 55026—2022	2022-3-10	2022-10-1
27	特殊设施工程项目规范 GB 55028—2022	2022-3-10	2022-10-1
28	城乡排水工程项目规范 GB 55027—2022	2022-3-10	2022-10-1
29	安全防范工程通用规范 GB 55029—2022	2022-3-10	2022-10-1
30	建筑与市政工程防水通用规范 GB 55030—2022	2022-9-27	2023-4-1

序号	标准名称和编号	发布日期	实施日期
31	民用建筑通用规范 GB 55031—2022	2022-7-1	2023-3-1
32	建筑与市政工程施工质量控制通用规范 GB 55032—2022	2022-7-15	2023-3-1
33	建筑与市政施工现场安全卫生与职业健康通用规范 GB 55034—2022	2022-10-31	2023-6-1
34	城乡历史文化保护利用项目规范 GB 55035—2023	2023-5-23	2023-12-1
35	消防设施通用规范 GB 55036—2022	2022-7-15	2023-3-1
36	建筑防火通用规范 GB 55037—2022	2022-12-27	2023-6-1

2. 重要工程建设强制性标准列表

截至 2023 年 5 月 31 日前发布、含有直接涉及人民生命财产安全、人身健康、节能、节地、节水、节材、环境保护和其他公众利益，以及保护资源、节约投资、提高经济效益和社会效益等政策要求的工程建设全文强制性标准、含有强制性条文的现行房屋建筑国家标准和行业标准见表 4-7。

重要工程建设强制性标准列表　　　　　　　　　　　　　表 4-7

序号	标准名称和编号	发布日期	实施日期
一、房屋建筑工程施工质量有关的工程建设强制性标准			
1	工程结构通用规范 GB 55001—2021	2021-4-9	2022-1-1
2	建筑与市政地基基础通用规范 GB 55003—2021	2021-4-9	2022-1-1
3	组合结构通用规范 GB 55004—2021	2021-4-9	2022-1-1
4	木结构通用规范 GB 55005—2021	2021-4-12	2022-1-1
5	钢结构通用规范 GB 55006—2021	2021-4-9	2022-1-1
6	砌体结构通用规范 GB 55007—2021	2021-4-9	2022-1-1
7	混凝土结构通用规范 GB 55008—2021	2021-9-8	2022-4-1
8	燃气工程项目规范 GB 55009—2021	2021-4-9	2022-1-1
9	供热工程项目规范 GB 55010—2021	2021-4-9	2022-1-1
10	建筑节能与可再生能源利用通用规范 GB 55015—2021	2021-9-8	2022-4-1
11	建筑环境通用规范 GB 55016—2021	2021-9-8	2022-4-1
12	工程测量通用规范 GB 55018—2021	2021-9-8	2022-4-1
13	建筑与市政工程无障碍通用规范 GB 55019—2021	2021-9-8	2022-4-1
14	建筑给水排水与节水通用规范 GB 55020—2021	2021-9-8	2022-4-1
15	建筑电气与智能化通用规范 GB 55024—2022	2022-3-10	2022-10-1
16	城市给水工程项目规范 GB 55026—2022	2022-3-10	2022-10-1
17	城乡排水工程项目规范 GB 55027—2022	2022-3-10	2022-10-1
18	安全防范工程通用规范 GB 55029—2022	2022-3-10	2022-10-1
19	建筑与市政工程防水通用规范 GB 55030—2022	2022-9-27	2023-4-1
20	民用建筑通用规范 GB 55031—2022	2022-7-5	2023-3-1

序号	标准名称和编号	发布日期	实施日期
一、房屋建筑工程施工质量有关的工程建设强制性标准			
21	建筑与市政工程施工质量控制通用规范 GB 55032—2022	2022-7-15	2023-3-1
22	建筑与市政施工现场安全卫生与职业健康通用规范 GB 55034—2022	2022-10-31	2023-6-1
23	城乡历史文化保护利用项目规范 GB 55035—2023	2023-5-23	2023-12-1
24	消防设施通用规范 GB 55036—2022	2022-7-15	2023-3-1
25	建筑防火通用规范 GB 55037—2022	2022-12-27	2023-6-1
26	湿陷性黄土地区建筑标准 GB 50025—2018	2018-12-6	2019-8-1
27	混凝土外加剂应用技术规范 GB 50119—2013	2013-8-8	2014-3-1
28	电气装置安装工程高压电器施工及验收规范 GB 50147—2010	2010-5-31	2010-12-1
29	电气装置安装工程电力变压器、油浸电抗器、互感器施工及验收规范 GB 50148—2010	2010-5-31	2010-12-1
30	电气装置安装工程母线装置施工及验收规范 GB 50149—2010	2010-11-3	2011-10-1
31	混凝土质量控制标准 GB 50164—2011	2011-4-2	2012-5-1
32	土方与爆破工程施工及验收规范 GB 50201—2012	2012-3-20	2012-8-1
33	建筑地面工程施工质量验收规范 GB 50209—2010	2010-5-31	2010-12-1
34	建筑给水排水及采暖工程施工质量验收规范 GB 50242—2002	2002-3-15	2002-4-1
35	通风与空调工程施工质量验收规范 GB 50243—2016	2016-10-25	2017-7-1
36	电梯工程施工质量验收规范 GB 50310—2002	2002-4-1	2002-6-1
37	墙体材料应用统一技术规范 GB 50574—2010	2010-8-18	2011-6-1
38	铝合金结构工程施工质量验收规范 GB 50576—2010	2010-5-31	2010-12-1
39	洁净室施工及验收规范 GB 50591—2010	2010-7-15	2011-2-1
40	无障碍设施施工验收及维护规范 GB 50642—2011	2010-12-24	2011-6-1
41	通风与空调工程施工规范 GB 50738—2011	2011-9-16	2012-5-1
42	电影院建筑设计规范 JGJ 58—2008	2008-2-29	2008-8-1
43	钢框胶合板模板技术规程 JGJ 96—2011	2011-1-7	2011-10-1
44	湿陷性黄土地区建筑基坑工程安全技术规程 JGJ 167—2009	2009-3-15	2009-7-1
45	多联机空调系统工程技术规程 JGJ 174—2010	2010-3-31	2010-9-1
46	冰雪景观建筑技术标准 GB 51202—2016	2016-10-25	2017-7-1
47	建筑遮阳工程技术规范 JGJ 237—2011	2011-2-11	2011-12-1
48	建筑排水金属管道工程技术规程 CJJ 127—2009	2009-4-20	2009-9-1
二、房屋建筑工程施工安全有关的工程建设强制性标准			
1	建筑与市政地基基础通用规范 GB 55003—2021	2021-4-9	2022-1-1
2	施工脚手架通用规范 GB 55023—2022	2022-3-10	2022-10-1
3	建筑与市政工程防水通用规范 GB 55030—2022	2022-9-27	2023-4-1
4	建筑与市政施工现场安全卫生与职业健康通用规范 GB 55034—2022	2022-10-31	2023-6-1

序号	标准名称和编号	发布日期	实施日期
二、房屋建筑工程施工安全有关的工程建设强制性标准			
5	建筑防火通用规范 GB 55037—2022	2022-12-27	2023-6-1
6	土方与爆破工程施工及验收规范 GB 50201—2012	2012-3-30	2012-8-1
7	钢框胶合板模板技术规程 JGJ 96—2011	2011-1-7	2011-10-1
8	施工现场机械设备检查技术规范 JGJ 160—2016	2016-9-5	2017-3-1
9	建筑施工塔式起重机安装、使用、拆卸安全技术规程 JGJ 196—2010	2010-1-8	2010-7-1

五、标准实施与监督

（一）标准实施

1. 标准实施的意义

标准的实施是指有组织、有计划、有措施地贯彻执行标准的活动，是标准管理、标准编制和标准应用各方将标准的内容贯彻到生产、管理、服务当中的活动过程，是标准化的目的之一，具有重要的意义。

（1）实施标准是实现标准价值的体现

标准化是一项有目的的活动，标准化的目的只有通过标准的实施才能达到，标准是实践经验的总结并用以指导实践的统一规定。这个规定是否科学、合理，也只有通过实施才能得到验证。一项标准发布后，能否达到预期的经济效果和社会效益，使标准由潜在的生产力转化为直接的生产力，关键就在于认真切实地实施标准。实施标准，往往涉及各个部门和各个生产环节。这就要求生产管理者不断适应新标准要求，改善生产管理，技术部门通过实施标准，不断提高企业的生产能力。所以，标准是通过实施，才得以实实在在地把技术标准转化为生产力，改善生产管理，提高质量，从而增强企业的市场竞争力。

（2）实施标准是标准进步的内在需要

标准不仅需要通过实施来验证其正确性，而且标准改进和发展的动力也来自于实施。标准不是孤立静止的，而应该在动态中不断推进。技术在进步，需求在延伸，市场在扩展，只有通过实施标准，并对标准实施情况进行监督，才可能发现并总结标准本身存在的问题，从而提高编制质量，使其更具有指导作用，才能使标准不断创新，更加适合需要。而且由于标准涉及面广，同时涉及技术、生产、管理和使用等问题，标准只有在系统运行中不断完善，才能使其趋于合理。在不断地实施、修订标准的过程中，吸收最新科技成果，补充和完善内容，纠正不足，有利于实现对标准的反馈控制，使标准更科学、更合理。也只有与时俱进的标准，才能有效地指导社会生产实践活动，获得技术经济效益，实现标准化的目的，对国家的经济建设起到更大的促进作用。

2. 标准实施的原则

标准实施企业生产的依据，生产的过程就是贯彻、执行标准的过程，是履行社会责任的过程，生产过程中执行标准要把握好以下原则。

（1）强制性标准，企业必须严格执行

工程建设中，国家标准、行业标准、地方标准中的强制性标准直接涉及工程质量、安全、环境保护和人身健康，依照《标准化法》《建筑法》《建设工程质量管理条例》等法律法规，企业必须严格执行，不执行强制性标准，企业要承担相应的法律责任。

（2）推荐性标准，企业一经采用，应严格执行

国家标准、行业标准中的推荐性标准，主要规定的是技术方法、指标要求和重要的管理要求，是严格按照管理制度要求标准制修订程序制定，经过充分论证和科学实验，在实践基础上制定的，具有较强的科学性，对工程建设活动具有指导、规范作用，对于保障工程顺利完成、提高企业的管理水平具有重要的作用。因此，对于推荐性标准，只要适用于企业所承担的工程项目建设，就应积极采用。企业在投标中承诺所采用的推荐性标准，以及承包合同中约定采用的推荐性标准，应严格执行。

（3）企业标准，只要纳入工程项目标准体系当中，应严格执行

企业标准是企业的一项制度，是国家标准、行业标准、地方标准的必要补充，是为实现企业的目标而制定了，只要纳入工程项目建设标准体系当中，就与体系中的相关标准相互依存、相互关联、相互制约，如果标准得不到实施，就会影响其他标准的实施，标准体系的整体功能得不到发挥，因此，企业标准只要纳入工程项目标准体系当中，在工程项目建设过程中就应严格执行。

3. 标准宣贯培训

标准宣贯培训是向标准执行人员讲解标准内容的有组织的活动，是标准从制定到实施的桥梁，是促进标准实施的重要手段。标准制定工作节奏加快后，标准越来越多，如果不宣贯，就不知道有新标准出台，新标准就不会及时地被应用。工程建设标准化主管部门高度重视标准宣贯培训工作，对于发布的重要标准，均要组织开展宣贯培训活动。

开展标准宣贯培训的目的是要让执行标准的人员掌握标准中的各项要求，在生产经营活动中标准要有效贯彻执行，企业和工程项目部均要组织宣贯活动。

企业组织标准宣贯培训活动：一是标准发布后，企业派本企业人员参加标准化主管部门组织的宣贯培训；二是企业以会议的形式，请熟悉标准的专业人员向本企业人员讲解标准的内容；三是企业以研讨的方式组织本企业人员相互交流，加深对标准内容的理解。

工程项目部组织宣贯活动，要根据工程项目的实际情况，有针对性开展宣贯培训。形式可以多样，会议的形式和研讨的形式均可以采用。

但在宣贯培训活动中要注意，进行宣贯培训的人员要有权威，能够准确释义标准各条款及制定的理由，以及执行中的要求和注意事项，避免对标准的误读。另外，宣贯对象要选择准确，直接执行标准的人员及执行标准的相关人员要准确确定，保证标准宣贯培训的范围覆盖所有执行标准的人员和相关人员，宣贯培训范围不够，标准不能得以广泛应用，宣贯培训对象错误，工作可以说是在白费力气。

4. 标准实施交底

标准实施交底是保障标准有效贯彻执行的一项措施，是由施工现场标准员向其他岗位人员说明工程项目建设中应执行的标准及要求。

标准实施交底工作可与施工组织设计交底相结合，结合施工方案落实明确各岗位工作中执行标准的要求。施工方法的标准，可结合各分项工程施工工艺、操作规程，向现场施工员进行交底。工程质量的标准，可结合工程项目建设质量目标，向现场质量员交底。

标准实施交底应采用书面交底的方式进行，交底中，标准员要详细列出各岗位应执行的标准明细以及强制性条文明细。另外，在交底中说明标准实施的要求，见表5-1。

标准实施交底表   表5-1

工程名称			岗位	
实施的标准及编号		强制性条文		实施说明
交底人		被交底人		交底日期

（二）标准实施的监督

1. 标准实施监督检查的任务

对标准实施进行监督是贯彻执行标准的重要手段，目的是保障工程安全质量、保护环境、保障人身健康。并通过监督检查，发现标准自身存在的问题，改进标准化工作。

目前，对于建设工程的管理，大多是围绕标准的实施开展的。各级建设主管部门依照《建设工程质量管理条例》和《建设工程安全生产管理条例》开展的建设工程质量、安全监督检查，检查的依据之一就是现行的工程建设标准。对于施工现场的管理，施工员、质量员、安全员等各岗位的人员的工作也是围绕标准的实施开展，同时也是监督标准实施的情况，可以说，标准实施监督是各岗位人员的重要职责。

施工现场标准员要围绕工程项目标准体系中所明确应执行的全部标准，开展标准实施监督检查工作，主要任务包括：一是监督施工现场各管理岗位人员认真执行标准；二是监督施工过程各环节全面、有效地执行标准；三是解决标准执行过程中出现的问题。

2. 标准实施监督检查方式、方法

施工现场标准员要通过现场巡视检查和施工记录资料查阅进行标准实施的监督检查。针对不同类别的标准采取不同的检查方式，要符合以下要求：

（1）施工方法标准

针对工程施工，施工方法标准主要规定了各分项工程的操作工艺流程、各环节的相关技术要求及要达到的技术指标。对于这类标准的监督检查，主要通过施工现场的巡视及查阅施工记录进行，在现场巡视当中检查操作人员是否按照标准中的要求施工，并通过施工记录的查阅检查操作过程是否满足标准规定的各项技术指标要求，填写检查记录表（表5-2）。同时，对于施工方法标准实施的监督要与施工组织设计规定的施工方案的落实相结合，施工要按照施工方案中规定的操作工艺进行，并要满足相关标准的要求。

施工方法标准实施情况检查记录表　　　　表 5-2

单位工程名称			
分项工程名称	施工部位	应执行的标准规范	检查情况
标准员		操作人	

（2）工程质量标准

工程质量标准规定了工程质量检查验收程序，以及检验批、分项、分部、单位工程的质量标准。对于这类标准，要通过验收资料的查阅，监督检查质量验收的程序是否满足标准的要求，同时要检查质量验收是否存在遗漏检查项目的情况，重点检查强制性标准的执行情况，填写检查记录表（表 5-3）。

施工质量验收标准实施检查记录表　　　　表 5-3

单位工程名称			
检查的内容	应执行的标准规范	强制性标准	检查情况
标准员		责任人	

（3）产品标准

现行的产品标准对建筑材料和产品的质量和性能有严格的要求，现行工程建设标准对建筑材料和产品在工程中的应用也有严格的规定，包括了材料和产品的规格、尺寸、性能，以及进场后的取样、复试等。对于与产品相关的标准的监督，通过检查巡视与资料查阅相结合的方式开展，重点检查进场的材料与产品的规格、型号、性能等是否符合工程设计的要求，另外，进场后现场取样、复试的过程是否符合相关标准的要求，同时还要检查复试的结果是否符合工程的需要，以及对不合格产品处理是否符合相关标准的要求，填写检查记录表（表 5-4）。

产品标准实施检查记录表　　　　表 5-4

单位工程名称			
产品名称	应执行的产品标准	进场检查及复试	是否符合设计要求
标准员		责任人	

（4）工程安全、环境、卫生标准

这类标准规定，为保障施工安全、保护环境、人身健康、工程建设过程中应采取技术、管理措施。针对这类标准的监督检查，要通过现场巡视的方式，检查工程施工过程中所采取的安全、环保、卫生措施是否符合相关标准的要求，重点是危险源、污染源的防护措施以及卫生防疫条件。同时，还要查阅相关记录，监督相关岗位人员的履职情况。填写检查记录表（表5-5）。

工程安全、环境、卫生标准实施检查记录表　　　　　　　　　　表 5-5

单位工程名称			
检查的内容	应执行的标准规范	检查情况	整改要求
标准员		责任人	

（5）新技术、新材料、新工艺的应用

这里是指无标准可依的新技术、新材料、新工艺在工程中的应用，一般会经过充分的论证，并经过有关机构的批准，并制定切实可行的应用方案以及质量安全检查验收的标准。针对这类新技术、新材料、新工艺的应用的监督检查，标准员要对照新技术、新材料、新工艺的应用方案进行检查，重点要保证工程质量和安全，填写检查记录表（表5-6）。同时，要分析与相关标准的关系，向标准化主管部门提出标准修订建议。

新技术、新材料、新工艺的应用检查记录表　　　　　　　　表 5-6

单位工程名称			
新技术、新材料、新工艺名称			
检查部位	应用方案编制情况	检查情况	整改要求
标准员		责任人	

3. 整改

标准员对在监督检查中发现的问题要认真记录，并要对照标准分析问题产生的原因，提出整改措施，填写整改通知单发相关岗位管理人员。

对于由于操作人员和管理人员对标准理解不正确或不理解标准的规定造成的问题，标准员应根据标准前言给出的联系方式，进行咨询，要做到正确掌握标准的要求。

整改通知单中要详细说明存在不符合标准要求的施工部位、存在的问题、不符合的标准条款，以及整改措施要求（表5-7）。

标准实施监督检查整改通知单   表 5-7

单位工程名称			
施工部位		检查时间	
不符合标准 情况说明			
标准条款			
整改要求			
标准员		接收人	

4. 标准体系评价

（1）评价目的

开展标准体系评价目的是评估针对项目所建立的标准体系是否满足项目施工的需要，并提出改进的建议措施，是企业不断改进和自我完善的有效方法，也是推动企业开展标准化工作中不可缺少的重要工具，它对提高企业的科学化管理水平，实现企业的方针目标具有重要的意义。一般情况下，标准体系评价在施工完成后进行，但当出现下列情况时，需及时组织评价工作：

① 国家法规、制度发生变化时；

② 发布了新的国家标准、行业标准和地方标准，并与项目有较强关联；

③ 相关国家标准、行业标准、地方标准修订，与项目有较强关联；

④ 企业不具备某项标准的实施条件，对工程建设有较大影响；

⑤ 企业管理要求开展评价。

（2）评价的内容

开展标准体系评价，应依据国家有关的方针、政策以及法律法规，包括保障国家安全、工程质量和安全、保证人身健康、节约能源资源、保护环境等相关的法律法规，还有《建筑法》《标准化法》和《标准化法实施条例》等。

评价的内容包括体系的完整性和适用性，核心要求就是要保证标准体系覆盖工程建设活动各个环节，有效保障工程质量和安全、人身健康。主要要求如下：

① 施工方法标准：对工程项目建设施工中各分项工程的操作工艺要求均有明确的规定，并对各操作环节均有明确的技术要求。

② 工程质量标准：各施工项目、各分项工程均有明确的质量验收标准。

③ 产品标准：工程中所采用的建筑材料和产品均有相应的质量和性能标准，以及检验试验方法标准。

④ 安全环境卫生标准：标准体系中规定的各项技术、管理措施全面、有效，并符合法规、政策的要求，项目建设过程中未发生任何事故。

⑤ 管理标准：满足企业和项目管理的要求，并保证工程项目建设活动高效运行。

⑥ 工作标准：能够覆盖各岗位人员，并满足企业和项目管理的要求。

（3）要求

标准体系涉及面广，对于工程项目标准体系评价，应由项目主要负责人牵头组织，标准员负责实施。首先，应通过问卷或访谈的形式向相关岗位管理人员征求意见，汇总意见后，组织召开相关人员参加的会议，共同讨论确定评价的结论。

评价的结论应包括标准体系是否满足工程建设的需要和整改措施建议两部分，其中整改措施建议应包括两方面：一是针对工程项目施工还有哪些环节或工作需要制定标准；二是现行的国家标准、行业标准、地方标准中哪些方面需要进行改进和完善，特别是现行标准中规定的技术方法和指标要求有哪些不适应当前工程建设的需要。

对于现行标准中存在的不足和改进的措施建议，标准员应向工程建设标准化管理机构提交。

（三）工程安全质量事故处理及原因分析

1. 工程质量安全事故分类

工程质量事故，是指由于建设管理、监理、勘测、设计、咨询、施工、材料、设备等原因造成工程质量不符合规程、规范和合同规定的质量标准、影响使用寿命和对工程安全运行造成隐患及危害的事件。

工程安全事故，是指由于施工过程中由于安全问题，如施工脚手架、平台倒塌、机械伤害、触电、火灾等造成人员伤害和财产损失的事故。

按照国家的规定，建设工程重大事故分为四个等级：

① 特别重大事故，是指造成 30 人以上死亡，或者 100 人以上重伤，或者 1 亿元以上直接经济损失的事故；

② 重大事故，是指造成 10 人以上 30 人以下死亡，或者 50 人以上 100 人以下重伤，或者 5000 万元以上 1 亿元以下直接经济损失的事故；

③ 较大事故，是指造成 3 人以上 10 人以下死亡，或者 10 人以上 50 人以下重伤，或者 1000 万元以上 5000 万元以下直接经济损失的事故；

④ 一般事故，是指造成 3 人以下死亡，或者 10 人以下重伤，或者 1000 万元以下 100 万元以上直接经济损失的事故。

2. 工程质量问题和事故的处理

（1）工程质量问题成因

由于建筑工程工期较长，所用材料品种复杂，在施工过程中，受社会环境和自然条件方面异常因素的影响，使产生的工程质量问题表现形式千差万别，类型多种多样。这使得引起工程质量问题的成因也错综复杂，往往一项质量问题是由于多种原因引起。虽然每次发生质量问题的类型各不相同，但是通过对大量质量问题调查与分析发现，其发生的原因有不少相同之处，归纳其最基本的因素主要有以下几方面：

① 违背建设程序；

② 违反法规行为；

③ 地质勘察失真；

④ 设计差错；

⑤ 施工与管理不到位；

⑥ 不合格的原材料、制品及设备；

⑦ 自然环境因素；

⑧ 使用不当。

（2）成因分析方法

由于影响工程质量的因素众多，一个工程质量问题的实际发生，既可能因设计计算和施工图纸中存在错误，也可能因施工中出现不合格或质量问题，也可能因使用不当，或者由于设计、施工甚至使用、管理、社会体制等多种原因的复合作用。要分析究竟是哪种原因所引起，必须对质量问题的特征表现，以及其在施工中和使用中所处的实际情况和条件进行具体分析。分析方法很多，但其基本步骤和要领可概括如下。

1）基本步骤

① 进行细致的现场研究，观察记录全部实况，充分了解与掌握引发质量问题的现象和特征；

② 收集调查与问题有关的全部设计和施工资料，分析摸清工程在施工或使用过程中所处的环境及面临的各种条件和情况；

③ 找出可能生成质量问题的所有因素，分析、比较和判断，找出最可能造成质量问题的原因；

④ 进行必要的计算分析或模拟试验予以论证确认。

2）分析要领

分析的要领是逻辑推理法，其基本原理是：

① 确定质量问题的初始点，即所谓原点，它是一系列独立原因集合起来形成的爆发点。其不仅能反映出质量问题的直接原因，而且在分析过程中具有关键性作用；

② 围绕原点对现场各种现象和特征进行分析，区别导致同类质量问题的不同原因，逐步揭示质量问题萌生、发展和最终形成的过程；

③ 综合考虑原因复杂性，确定诱发质量问题的起源点即真正原因。工程质量问题原因分析是对一堆模糊不清的事物和现象客观属性及联系的反映，它的准确性和管理人员的能力学识、经验和态度有极大关系，其结果不仅是简单的信息描述，更是逻辑推理的产物，其推理可用于工程质量的事前控制。

（3）工程质量事故处理方案的确定

工程质量事故处理方案是指技术处理方案，其目的是消除质量隐患，以达到建筑物的安全可靠和正常使用各项功能及寿命要求，并保证施工的正常进行。其一般处理原则是：正确确定事故性质，是表面性还是实质性，是结构性还是一般性，是迫切性还是可缓性；正确确定处理范围，除直接发生部位，还应检查处理事故相邻影响作用范围的结构部位或构件。其处理基本要求是：满足设计要求和用户的期望；保证结构安全可靠，不留任何质量隐患；符合经济合理的原则。

1）质量事故处理方案类型

修补处理。这是最常用的一类处理方案。通常当工程的某个检验批、分项或分部的质量虽未达到规定的规范、标准或设计要求，虽存在一定缺陷，但通过修补或更换器具、设备后还可达到要求的标准，又不影响使用功能和外观要求时，可以进行修补处理。属于修补处理的这类具体方案很多，诸如封闭保护、复位纠偏、结构补强、表面处理等，某些事故造成的结构混凝土表面裂缝，可根据其受力情况，仅作表面封闭保护。某些混凝土结构表面的蜂窝、麻面，经调查分析，可进行剔凿、抹灰等表面处理，一般不会影响其使用和外观。对较严重的问题，可能影响结构的安全性和使用功能，必须按一定的技术方案进行加固补强处理，这样往往会造成一些永久性缺陷，如改变结构外形尺寸，影响一些次要的使用功能等。

返工处理。当工程质量未达到规定的标准和要求，存在着严重质量问题，对结构的使用和安全构成重大影响，且又无法通过修补处理时，可对检验批、分项工程、分部工程甚至整个工程返工处理。例如，某防洪堤坝填筑压实后，其压实土的干密度未达到规定值，进行返工处理。又如某公路桥梁工程预应力按规定张力系数为1.3，实际仅为0.8，属于严重的质量缺陷，也无法修补，只有返工处理。对某些存在严重质量缺陷，且无法采用加固补强修补处理或修补处理费用比原工程造价还高的工程，应进行整体拆除，全面返工。

不做处理。某些工程质量问题虽然不符合规定的要求和标准而构成质量事故，但视其严重情况，经过分析、论证、法定检测单位鉴定和设计等有关单位认可，对工程或结构使用及安全影响不大，也可不做专门处理。通常不用专门处理的情况有以下几种：

① 不影响结构安全和正常使用。例如，有的工业建筑物出现放线定位偏差，且严重超过规范标准规定，若要纠正会造成重大经济损失，但经过分析、论证，其偏差不影响生产工艺和正常使用，在外观上也无明显影响，可不做处理。又如，某些隐蔽部位结构混凝土表面裂缝，经检查分析，属于表面养护不够的干缩微裂，不影响使用及外观，也可不做处理。

② 质量问题，经过后续工序可以弥补。例如，混凝土表面轻微麻面，可通过后续的抹灰、喷涂或刷白等工序弥补，可不做专门处理。

③ 法定检测单位鉴定合格。例如，当某检验批混凝土试块强度值不满足规范要求，但在法定检测单位，对混凝土实体采用非破损检验等方法测定其实际强度已达规范允许和设计要求值时，可不做处理。对经检测未达要求值，但相差不大，经分析论证，只要使用前经再次检测达到设计强度，也可不做处理，但应严格控制施工荷载。

④ 出现的质量问题，经检测鉴定达不到设计要求，但经原设计单位核算，仍能满足结构安全和使用功能。

2）选择最适用的工程质量事故处理方案的辅助方法

① 试验验证。即对某些有严重质量缺陷的项目，可采取合同规定的常规试验方法进一步进行验证，以便确定缺陷的严重程度。例如，混凝土构件的试件强度低于要求的标准不太大（10%以下）时，可进行加载试验，以证明其是否满足使用要求。又如，公路工程的沥青面层厚度误差超过了规范允许的范围，可采用弯沉实验，检查路面的整体强度等。

② 定期观测。有些工程，当发现其质量缺陷时，其状态可能尚未达到稳定，仍会继续发展，在这种情况下一般不宜过早作出决定，可以对其进行一段时间的观测，然后再根

据情况作出决定。属于这类的质量问题，如桥墩或其他工程的基础在施工期间发生沉降超过预计的或规定的标准；混凝土表面发生裂缝，并处于发展状态等。有些有缺陷的工程，短期内其影响可能不十分明显，需要较长时间的观测才能得出结论。

③ 专家论证。对于某些工程质量问题，可能涉及的技术领域比较广泛，或问题很复杂，有时仅根据合同规定难以决策，这时可提请专家论证。采用这种方法时，应事先做好充分准备，尽早为专家提供尽可能详尽的情况和资料，以便使专家能够进行较充分的、全面和细致的分析、研究，提出切实的意见与建议。

④ 方案比较。这是比较常用的一种方法。同类型和同一性质的事故可先设计出多种处理方案，然后结合当地的资源情况、施工条件等逐项给出权重，做出对比，从而选择既具有较高处理效果又便于施工的处理方案。例如，结构构件承载力达不到设计要求，可采用改变结构构造来减少结构内力、结构卸荷或结构补强等不同处理方案，可将其每一方案按经济、工期、效果等指标列项并分配相应权重值，进行对比，辅助决策。

（4）工程质量事故处理的鉴定验收

① 检查验收。工程质量事故处理完成后，应严格按施工验收标准及有关规范的规定，依据质量事故技术处理方案及设计要求，通过实际量测，检查各种资料数据进行验收，并应办理交工验收文件，组织各有关单位会签。

② 必要的鉴定。为确定工程质量事故的处理效果，凡涉及结构承载力等使用安全和其他重要性能的处理工作，常需做必要的实验和检验鉴定工作：质量事故处理施工过程中建筑材料及构配件保证资料严重缺乏；或检查密实性和裂缝修补效果；或检测实际强度；结构荷载实验，确定其实际承载力；超声波检测焊接或结构内部质量；池、罐、箱柜工程的渗漏检验等。检测鉴定必须委托政府批准的有资质的法定检测单位进行。

③ 验收结论。对所有的质量事故无论经过技术处理，通过检查鉴定验收还是不需专门处理的，均应有明确的书面结论。若对后续工程施工有特定要求，或对建筑物使用有一定限制条件，应在结论中提出。

验收结论通常有以下几种：

① 事故已排除，可以继续施工；

② 隐患已消除，结构安全有保证；

③ 经修补处理后，完全能够满足使用要求；

④ 基本上满足使用要求，但使用时有附加限制条件，例如限制荷载等；

⑤ 对耐久性的结论；

⑥ 对建筑物外观的结论；

⑦ 对短期内难以做出结论的，可提出进一步观测检验意见。

质量问题处理方案应以原因分析为基础，如果某些问题一时认识不清，且一时不致产生严重恶化，可以继续进行调查、观测，以便掌握更充分的资料和数据，做进一步分析，找出起源点，方可确认处理方案，避免急于求成造成反复处理的不良后果。审核确认处理方案应牢记：安全可靠，不留隐患，满足建筑物的功能和使用要求，技术可行，经济合理原则；针对确认不需专门处理的质量问题，应能保证它不构成对工程安全的危害，且满足安全和使用要求。因此，总结经验，吸取教训，采取有效措施予以预防。

3. 工程安全事故处理

（1）事故报告、调查、处理程序

工程安全事故发生后，事故现场有关人员应当立即向工程建设单位负责人报告；工程建设单位负责人接到报告后，应于 1 小时内向事故发生地县级以上人民政府住房和城乡建设主管部门及有关部门报告。情况紧急时，事故现场有关人员可直接向事故发生地县级以上人民政府住房和城乡建设主管部门报告。

事故报告应包括下列内容：①事故发生的时间、地点、工程项目名称、工程各参建单位名称；②事故发生的简要经过、伤亡人数（包括下落不明的人数）和初步估计的直接经济损失；③事故的初步原因；④事故发生后采取的措施及事故控制情况；⑤事故报告单位、联系人及联系方式；⑥其他应当报告的情况。

事故报告后出现新情况，以及事故发生之日起 30 日内伤亡人数发生变化的，应当及时补报。

住房和城乡建设主管部门应当按照有关人民政府的授权或委托，组织或参与事故调查组对事故进行调查：

① 核实事故基本情况，包括事故发生的经过、人员伤亡情况及直接经济损失；

② 核查事故项目基本情况，包括项目履行法定建设程序情况、工程各参建单位履行职责的情况；

③ 依据国家有关法律法规和工程建设标准分析事故的直接原因和间接原因，必要时组织对事故项目进行检测鉴定和专家技术论证；

④ 认定事故性质和事故责任；

⑤ 依照国家有关法律法规提出对事故责任单位和责任人员的处理建议；

⑥ 总结事故教训，提出防范和整改措施；

⑦ 提交事故调查报告。

事故调查报告应当包括下列内容：①事故项目及各参建单位概况；②事故发生经过和事故救援情况；③事故造成的人员伤亡和直接经济损失；④事故项目有关质量检测报告和技术分析报告；⑤事故发生的原因和事故性质；⑥事故责任的认定和事故责任者的处理建议；⑦事故防范和整改措施。事故调查报告应当附具有关证据材料。事故调查组成员应当在事故调查报告上签名。

住房和城乡建设主管部门应当依据有关人民政府对事故调查报告的批复和有关法律法规的规定，对事故相关责任者实施行政处罚。处罚权限不属于本级住房和城乡建设主管部门的，应当在收到事故调查报告批复后 15 个工作日内，将事故调查报告（附具有关证据材料）、结案批复、本级住房和城乡建设主管部门对有关责任者的处理建议等转送有权限的住房和城乡建设主管部门。住房和城乡建设主管部门应当依据有关法律法规的规定，对事故负有责任的建设、勘察、设计、施工、监理等单位和施工图审查、质量检测等有关单位分别给予罚款、停业整顿、降低资质等级、吊销资质证书其中一项或多项处罚，对事故负有责任的注册执业人员分别给予罚款、停止执业、吊销执业资格证书、终身不予注册其中一项或多项处罚。

（2）事故原因分析

建筑工程事故的发生，往往是由多种因素构成的，其中最基本的因素有：管理、人、物、自然环境和社会条件。管理的因素是指管理体系不到位，有章不循；人的因素指的是人与人之间存在的差异，这是工程质量优劣最基本的因素；物的因素对工程质量的影响更加复杂、繁多；质量事故的发生也总与某种自然环境、施工条件、各级管理结构状况以及各种社会因素紧密相关。由于工程建设往往涉及施工、建设、使用、监督、监理、管理等许多单位或部门，因此在分析建筑工程质量事故时，必须对以上因素以及它们之间的关系进行具体的分析和探讨，以便采取相应的措施进行处理。

1）建筑材料方面的因素

建筑材料是构成建筑结构的物质基础，建筑材料的质量好坏决定着建筑物的质量。但在实践中由于使用不合格的建筑材料造成结构实体质量、安全隐患和使用功能的问题以及质量事故的比比皆是。

2）施工方面的因素

工程质量与施工安全密不可分，相辅相成，质量隐患往往导致安全事故，而不安全因素又可能为质量事故埋下隐患。虽然相关的法律法规对施工企业对工程的施工质量责任问题作出相应规定，但在实践中由于施工单位在施工过程不按程序操作，导致工程质量事故频发。施工方面的问题主要表现为以下几个方面：

① 建设前期的工作问题。建设前期的某些工作是极其重要的工作，如果不认真按有关规定去做，很可能就决定了建筑工程质量的先天性不足，如项目可行性研究、建设地点的选择等。如果这些前期工作做得不好，很容易造成工程质量事故，有时损失是十分严重的。

② 违反设计程序。从事建设工程勘察设计活动应当坚持先勘察、后设计、再施工原则。但大量的质量事故调查证明，不少工程图纸中，有的无设计人、无审核人、无批准人，这类图纸交付施工后，因设计考虑不周造成的质量事故屡见不鲜。

③ 违反施工要求。不按施工规范标准施工，隐蔽工程流于形式且与图纸不符，造成结构性隐患。

3）工程技术人员方面的因素

建筑产品的优劣，除了建筑材料全部合格外，最根本是人员的素质问题。提高施工一线技能工人的职业技能和基本素质是提高施工企业整体素质、保证施工质量、增强企业竞争力的关键。但在中国建筑施工领域，农民工已经名副其实地成为工程建设的"主力军"，而这支"主力军"的素质却令人担忧。农民工的文化程度较低，且大部分没有经过任何培训。

因此，由于缺乏质量意识和基本的操作技能造成质量安全事故的也比较多。另外施工技术人员数量不足也是我国建筑施工企业普遍存在的问题，这些都可能造成技术工作出现漏洞。

建筑管理人才缺乏也是不可忽略的因素。人才相对不足，尤其是高级管理人才和重要行业管理人才严重匮乏；人才结构失调；人才布局不合理；优秀管理人才流失势头不减；管理人才制度、体制和运行机制上存在严重缺陷等问题在一定程度上制约了建筑业的深层次发展。

（3）安全事故主要因素

建筑工程安全事故主要因素是人的不安全因素、物的不安全状态、作业环境的不安全因素和管理缺陷。

1) 人的因素控制：人是生产活动的主体，也是工程项目建设的决策者、管理者、操作者，工程建设施工全过程都是通过人来完成的，人的素质，即人的文化水平、技术水平、决策能力、管理能力、组织能力、作业能力、控制能力、身体素质及职业道德等，都将直接和间接地对施工安全生产产生影响。

人员素质是影响工程施工安全的一个重要因素，建筑行业实行企业资质管理、安全生产许可证管理和各类专业从业人员持证上岗制度是施工安全生产保证人员素质的重要管理措施。

2) 物的不安全状态控制：物的控制包括施工机械、设备、安全材料、安全防护用品等安全物资的控制。施工机具、设备是施工生产的手段，对建设工程安全有重要影响，工程施工机具、设备及其产品的质量优劣，直接影响工程施工安全。施工机具设备的类型是否符合工程施工特点，性能是否先进稳定，操作是否方便安全等，都将会影响工程施工安全。

安全材料、防护机具等安全物资的质量是施工安全生产的基础，是工程建设的物资条件，安全生产设计的安全状况，很大程度上取决于所使用的安全物资。为了防止假冒、伪劣或存在质量缺陷的安全物资从不同渠道流入施工现场，造成安全隐患或安全事故，施工单位应对安全物资供应单位进行评价和选择。

3) 环境因素控制：环境的控制指对工程施工安全起重要作用的环境因素控制。这些因素包括：工程技术环境，如工程地质、水文、气象等；工程作业环境，如施工环境作业面大小、防护设施、通风照明和通信条件等；工程管理环境，如工程实施的合同结构与管理关系，组织体制及管理制度等；工程周边环境，如工程毗邻的地下管线、建(构)筑物等。环境条件往往对工程施工安全产生特定的影响，加强环境管理和控制，改进作业条件，把握好安全技术，辅以必要的措施，是控制环境对施工安全影响的重要保证。

4) 管理控制：各参建方责任主体应建立健全安全生产管理制度并严格执行。安全生产规章制度包括安全生产责任制度、安全教育培训制度、安全检查制度、安全技术管理制度等，例如，安全技术管理制度中，安全施工专项方案编制是否合理，施工工艺是否先进，施工操作是否正确，是否按照程序组织专家论证，都将对工程施工安全产生重大影响。

【事故案例一】

一、事故经过

2004年5月12日，安阳开发区某集团二期C烟囱工地发生一起上料外井架倾翻的特大事故，死21人，伤9人。据初步调查，河南省某建筑工程公司于2003年10月承接了烟囱工程，该烟囱高60m，工程项目经理马某。2004年4月该公司将烟囱滑模工程分包给北京滑模分公司，项目负责人刘某。4月9日至12日搭建了外井架，该外井架高68m，从顶端至下每20m左右拉4根缆风绳，共拉16根缆风绳。4月14日开始上料滑模，5月2日施工完毕。5月10日为安装烟囱爬梯拆掉了北侧的2根缆风绳。5月12日进行外井架拆卸工作，工程分包方负责人刘某、带班工长邓某等人均在施工现场。参与拆卸的施工人员42人，其中地面8人、顶部6人，其余28人按2.5m间距分布在井架内南侧。档拆除完顶部红旗、吊轮、拔杆后，外井架突然发生倾翻，致使在外井架上施工的工人有的坠落、有的受到变形井架的挤压，导致 21 名工人遇难，9 名人员受伤。

二、事故原因

施工总承包单位安全生产管理制度不健全，不落实，未能履行安全管理职责，对外包单位资质及从业人员的资格未进行审查，现场安全监督管理薄弱，没有配备专职安全员。

监理单位未对施工方案进行审核，未组织实施有效的监理，现场监理未尽到监理职责。

分包方不具备滑模工程施工资质。

分包方工人不具备高空作业资格，违章作业。

三、处理结果

河南省对安阳市信益二期工程"5·12"特大施工伤亡事故处理的情况。

（1）河南省某建筑工程公司未履行职责，未对滑模作业队的资质、从业人员资格进行审查，现场没有配备专职安全员，安全生产责任制不落实，对工程安全管理失控，从而导致事故的发生。对河南省某建筑工程公司给予降低资质等级的处罚，将房屋建筑工程施工总承包资质等级由一级降为二级。

（2）程某，工程项目总监，未对烟囱物料提升架安装拆卸施工方案进行审核，未组织实施有效的监理，对这起事故负主要责任，给予吊销监理工程师注册证书，终身不予注册的处罚。

（3）刘某，烟囱项目滑模作业队负责人，在不具备滑模工程施工资质的情况下承建烟囱工程，自行购买材料加工物料提升架，未按施工方案规定拆卸。作业时，明知物料提升架固定在烟囱上的两处缆风绳被拆除，仍违章指挥，且使用不具备高空作业资格的农民工作业，对这起事故负直接领导责任，由司法机关依法追究其刑事责任。

（4）邓某，烟囱物料提升架拆卸施工现场负责人，明知烟囱物料提升架的两道缆风绳已被拆除，仍违规作业，安排不具备高空作业资格的农民工冒险上架拆卸，对这起事故负直接责任，由司法机关依法追究其刑事责任。

（5）马某，河南省某建筑工程公司安阳工程项目部经理，违反国家规定，在没有查验刘某滑模施工资质的情况下，将烟囱项目承包给刘某的滑模施工队，作为项目经理，不履行职责，对这起事故负主要责任，由司法机关依法追究其刑事责任。

（6）郭某，河南省某建筑工程公司工程项目部副经理，违反国家规定，未对所承建工程项目的生产、质量及安全负责，对这起事故负主要责任，由司法机关依法追究其刑事责任。

（7）董某，河南省某建筑工程公司项目部烟囱工程施工员，违反国家规定，未对烟囱项目的施工尽到安全监督管理职责，对这起事故负主要责任，由司法机关依法追究其刑事责任。

（8）程某，工程项目总监，未对烟囱物料提升架安装拆卸施工方案进行审核，未组织实施有效的监理，对这起事故负主要责任，由司法机关依法追究其刑事责任。

（9）孙某，工程项目的现场监理，未尽到监理职责，没有及时发现烟囱物料提升架存在严重安全隐患，对这起事故负主要责任，由司法机关依法追究其刑事责任。

（10）张某，滑模作业队招募农民工负责人，盲目招募缺乏安全意识，不具备高空作业资格的农民工到工地冒险作业，对这起事故负主要责任，由司法机关依法追究其刑事责任。

(11) 周某，河南省某建筑工程公司第一项目承包公司经理，按有关规定，对所属工程项目负全面管理责任，但其对信益二期工程未履行安全生产管理职责，对这起事故负有直接领导责任，给予行政开除留用察看处分。

(12) 冯某，河南省某建筑工程公司安全处处长，负责本单位安全生产管理工作，对信益二期工程安全生产工作监督检查不力，对这起事故负有主要领导责任，给予行政撤职处分。

(13) 岳某，河南省某建筑工程公司副总经理，分管生产、安全工作，对分管部门落实安全生产责任制监督管理不严，对这起事故负有重要领导责任，给予行政降级处分。

(14) 路某，河南省某建筑工程公司总经理，公司安全生产第一责任人，没有认真履行安全生产领导责任制，对安全生产管理不严，对这起事故负有重要领导责任，给予行政撤职处分和党内严重警告处分。

(15) 蔡某，某集团工程工作人员，对负责的工程在质量、安全方面的监督管理弱化，未尽职尽责，对这起事故负重要责任，给予行政降级处分。

(16) 王某，某集团工程处副处长、分管质量、安全工作，对现场安全生产工作监督管理不力，对这起事故负有重要领导责任，给予行政记大过处分。

(17) 叶某，某集团工程处处长，对现场安全生产工作监督管理不力，对这起事故负有重要领导责任，给予行政记大过处分。

(18) 马某，某集团党委副书记、纪委书记、副董事长、信益二期工程指挥部指挥长，对现场质量、安全管理监督不力，对这起事故负有主要领导责任，给予行政记大过处分和党内严重警告处分。

(19) 郭某，技术开发区规划建设局施工管理处负责人，对工程放弃安全监督职责，对这起事故负有直接领导责任，给予行政记大过处分。

(20) 侯某，新技术开发区管委会副主任、党委委员，分管建设工作，对工程安全生产工作监督管理不力，对这起事故负有重要领导责任，给予行政记过处分。

【事故案例二】

一、事故经过

2000年10月25日上午10时10分，某有限公司承建的某电视台演播中心裙楼工地发生一起重大职工因工伤亡事故。大演播厅舞台在浇筑顶部混凝土施工中，因模板支撑系统失稳，大演播厅舞台屋盖坍塌，造成正在现场施工的民工和电视台工作人员6人死亡，35人受伤（其中重伤11人），直接经济损失70.7815万元。

某电视台演播中心工程地下2层、地面18层，建筑面积34000m²，采用现浇框架剪力墙结构体系。工程开工日期为2000年4月1日，计划竣工日期为2001年7月31日。

演播中心工程大演播厅总高38m（其中地下8.70m，地上29.30m）。面积624m²。7月份开始搭设模板支撑系统支架，支架钢管、扣件等总吨位约290t，钢管和扣件分别由甲方、市建工局材料供应处、某物资公司提供或租用。原计划9月底前完成屋面混凝土浇筑，预计10月25日下午4时完成混凝土浇筑。

在大演播厅舞台支撑系统支架搭设前，项目部按搭设顶部模板支撑系统的施工方法，完成了三个演播厅、门厅和观众厅的施工，但都没有施工方案。

2000年1月，编制了"上部结构施工组织设计"，并于1月30日经项目副经理成某和分公司副主任工程师批准实施。

7月22日开始搭设大演播厅舞台顶部模板支撑系统，由于工程需要和材料供应等方面的问题，支架搭设施工时断时续。搭设时没有施工方案，没有图纸，没有进行技术交底。搭设开始约15天后，分公司副总工将"模板工程施工方案"交给施工队负责人，施工队负责人拿到方案后，成某作了汇报，成某答复还按以前的规格搭架子，到最后再加固。

模板支撑系统支架由某公司组织进场的朱某工程队进行搭设，事故发生时朱某工程队共17名民工，其中5人无特种作业人员操作证，地上25～29m最上边一段由木工工长孙某负责指挥木工搭设。10月15日完成搭设，支架总面积约624m²，高度38m。搭设支架的全过程中，没有办理自检、互检、交接检、专职检的手续，搭设完毕后未按规定进行整体验收。

10月17日开始进行支撑系统模板安装，10月24日完成。23日木工工长孙某向项目部副经理成某反映水平杆加固没有到位，成某即安排架子工加固支架，25日浇筑混凝土时仍有6名架子工在加固支架。

10月25日6时55分开始浇筑混凝土，项目部资料质量员姜某8时多才补填混凝土浇捣令，并送监理公司总监韩某签字，韩某将日期签为24日。浇筑现场由项目部混凝土工长邢某负责指挥。南京某分公司负责为本工程供应混凝土，为B区屋面浇筑C40混凝土，坍落度16～18cm，用两台混凝土泵同时向上输送（输送高度约40m，泵管长度约60m）。浇筑时，现场有混凝土工工长1人，木工8人，架子工8人，钢筋工2人。混凝土工20人，自10月25日6时55分开始至10时10分，输送机械设备一直运行正常。到事故发生止，输送至屋面混凝土约139m³，重约342t，占原计划输送屋面混凝土总量的51%。

10时10分，当浇筑混凝土由北向南单向推进，浇至主次梁交叉点区域时，该区域的1m²理论钢管支撑杆数为6根，由于缺少水平连系杆，实际为3根立杆受力，又由于梁底模下木枋呈纵向布置在支架水平钢管上，使梁下中间立杆的受荷过大，个别立杆受荷最大达4t多，综合立杆底部无扫地杆、立杆存在初弯曲等因素，以及输送混凝土管有冲击和振动等影响，节点区域的中间单立杆首先失稳并随之带动相邻立杆失稳，出现大厅内模板支架系统整体倒塌。屋顶模板上正在浇筑混凝土的工人纷纷随塌落的支架和模板坠落，部分工人被塌落的支架、楼板和混凝土浆掩埋。

二、事故原因

（1）直接原因

① 支架搭设不合理，特别是水平连系杆严重不够，三维尺寸过大以及底部未设扫地杆，从而主次梁交叉区域单杆受荷过大，引起立杆局部失稳；

② 梁底模的木楔放置方向不妥，导致大梁的主要荷载传至梁底中央排立杆，且该排立杆的水平连系杆不够，承载力不足，因而加剧了局部失稳；

③ 屋盖下模板支架与周围结构固定与连系不足，加大了顶部晃动。

（2）间接原因

① 施工组织管理混乱，安全管理失去有效控制，模板支架搭设无图纸，无专项施工技术交底，施工中无自检、互检等手续，搭设完成后没有组织验收；搭设开始时无施工方案，有施工方案后未按要求进行搭设，支架搭设严重脱离原设计方案要求、致使支架承载

力和稳定性不足,空间强度和刚度不足等是这起事故的主要原因。

② 施工现场技术管理混乱,对大型或复杂重要的混凝土结构工程的模板施工未按程序进行,支架搭设开始后送交工地的施工方案中有关模板支架设计方案过于简单,缺乏必要的细部构造大样图和相关的详细说明,且无计算书。支架施工方案传递无记录,导致现场支架搭设时无规范可循,是这起事故的技术上的重要原因。

③ 某监理公司驻工地总监理工程师无监理资质,工程监理组没有对支架搭设过程严格把关,在没有对模板支撑系统的施工方案审查认可的情况下即同意施工,没有监督对模板支撑系统的验收,就签发了浇捣令,工作严重失职,导致工人在存在重大事故隐患的模板支撑系统上进行混凝土浇筑施工,是这起事故的重要原因。

④ 在上部浇筑屋盖混凝土情况下,民工在模板支撑下部进行支架加固是事故伤亡人员扩大的原因之一。

⑤ 南京某公司及上海分公司领导安全生产意识淡薄,个别领导不深入基层,对各项规章制度执行情况监督管理不力,对重点部位的施工技术管理不严,有法有规不依。施工现场用工管理混乱,部分特种作业人员无证上岗作业,对民工未认真进行"三级"安全教育。

⑥ 施工现场支架钢管和扣件在采购、租赁过程中质量管理把关不严,部分钢管和扣件不符合质量标准。

⑦ 建筑管理部门对该建筑工程执法监督和检查指导不力,建设管理部门对监理公司的监督管理不到位。

三、处理结果

(1)南京某公司项目部副经理成某具体负责大演播厅舞台工程,在未见到施工方案的情况下,决定按常规搭设顶部模板支架,在知道支架三维尺寸与施工方案不符时,成某不与工程技术人员商量,擅自决定继续按原尺寸施工,盲目自信,对事故的发生应负主要责任,建议司法机关追究其刑事责任。

(2)工苑监理公司驻工地总监韩某,违反"南京市项目监理实施程序"第三条第二款中的规定没有对施工方案进行审查认可,没有监督对模板支撑系统的验收,对施工方的违规行为没有下达停工令,无监理工程师资格证书上岗,对事故的发生应负主要责任,建议司法机关追究其刑事责任。

(3)南京某公司电视台项目部项目施工员丁某,在未见到施工方案的情况下,违章指挥民工搭设支架,对事故的发生应负重要责任,建议司法机关追究其刑事责任。

(4)朱某违反国家关于特种作业人员必须持证上岗的规定,私招乱雇部分无上岗证的民工搭设支架,对事故的发生应负直接责任,建议司法机关追究其刑事责任。

(5)南京某公司经理兼项目部经理史某负责上海分公司和电视台演播中心工程的全面工作,对分公司和该工程项目的安全生产负总责,对工程的模板支撑系统重视不够,未组织有关工程技术人员对施工方案进行认真的审查,对施工现场用工混乱等管理不力,对这起事故的发生应负直接领导责任,建议给予史某行政撤职处分。

(6)某监理公司总经理违反《监理工程师资格考试和注册试行办法》(建设部第18号令)❶ 的规定,严重不负责任,委派没有监理工程师资格证书的韩某担任电视台演播中心

---

❶ 该办法已于2006年废止,被《注册监理工程师管理规定》取代。

工程项目总监理工程师，对驻工地监理组监管不力，工作严重失职，应负有监理方的领导责任。建议有关部门按行业管理的规定对某监理公司给予在南京地区停止承接任务一年的处罚和相应的经济处罚。

（7）南京某公司总工程师郎某负责三建公司的技术质量全面工作，并在公司领导内部分工负责电视台演播中心工程，深入工地解决具体的施工和技术问题不够，对大型或复杂重要的混凝土工程施工缺乏技术管理，监督管理不力，对事故的发生应负主要领导责任，建议给予郎某行政记大过处分。

（8）南京某公司安技处处长李某负责三建公司的安全生产具体工作，对施工现场安全监督检查不力，安全管理不到位，对事故的发生应负安全管理上的直接责任，建议给予李某行政记大过处分。

（9）南京某公司上海分公司副总工程师赵某负责上海分公司技术和质量工作，对模板支撑系统的施工方案的审查不严，缺少计算说明书，构造示意图和具体操作步骤，未按正常手续对施工方案进行交接，对事故的发生应负技术上的直接领导责任，建议给予赵某行政记过处分。

（10）项目经理部项目工程师茅某负责工程项目的具体技术工作，未按规定认真编制模板工程施工方案，施工方案中未对"施工组织设计"进行细化，未按规定组织模板支架的验收工作，对事故的发生应负技术上重要责任，建议给予茅某行政记过处分。

（11）南京某公司副总经理万某负责三建公司的施工生产和安全工作，深入基层不够，对现场施工混乱、违反施工程序缺乏管理，对事故的发生应负领导责任，建议给予万某行政记过处分。

（12）南京某公司总经理刘某负责某公司的全面工作，对某公司的安全生产负总责，对施工管理和技术管理力度不够，对事故的发生应负领导责任，建议给予刘某行政警告处分。

六、标准实施评价

（一）标准实施评价类别与指标

1. 标准实施评价的类别

标准实施的评价，是工程建设标准化主管部门开展的一项推动标准实施、加强和改进标准化工作的一项活动。目的是在工程建设活动中，通过评价全面把握标准实施如何、实施总体效果如何、标准还需要改进的方面等，以利于更好地发挥标准化对工程建设的引导和约束作用，推进标准化工作的快速、持续、健康发展具有重要意义。

根据工程建设领域的实施标准的特点，将工程建设标准实施评价分为标准实施状况、标准实施效果和标准科学性三类。其中，又将标准实施状况再分为推广标准状况和标准应用状况两类。进行评价类别划分主要考虑评价的内容和通过评价反映出的问题存在着差别，开展标准实施状况评价，主要针对标准化管理机构和标准应用单位推动标准实施所开展的各项工作，目的是通过评价改进推动标准实施工作；开展标准实施效果评价，主要针对标准在工程建设中应用所取得的效果，为改进工程建设标准工作提供支撑；开展标准科学性评价主要针对标准内容的科学合理性，反映标准的质量和水平。

2. 不同类别标准的实施评价重点与指标

在标准实施过程中，不同主体对标准实施的任务不同，工作性质有很大差别，为便于评价，需要对标准类别进行划分，选择适用的评价指标进行评价。

根据被评价标准的内容构成及其适用范围，工程建设标准可分为基础类、综合类和单项类标准。对基础类标准，一般只进行标准的实施状况和科学性评价，因为基础类标准具有特殊性，其一般不会产生直接的经济效益、社会效益和环境效益。对实施状况、科学性进行评价，基本能反映这类标准实施的基本情况。对综合类及单项类标准，应根据其适用范围所涉及的环节，按表6-1的规定确定其评价类别与指标。

综合类及单项类标准对应评价类别与指标　　　　表 6-1

评价类别与指标　　环节	实施状况评价		效果评价			科学性评价		
	推广标准状况	执行标准状况	经济效果	社会效果	环境效果	可操作性	协调性	先进性
规划	✓	✓	✓	✓	✓	✓	✓	✓
勘察	✓	✓	✓	✓	✓	✓	✓	✓
设计	✓	✓	✓	✓	✓	✓	✓	✓
施工	✓	✓	✓	✓	✓	✓	✓	✓

评价类别与指标 环节	实施状况评价		效果评价			科学性评价		
	推广标准状况	执行标准状况	经济效果	社会效果	环境效果	可操作性	协调性	先进性
质量验收	✓	✓	—	✓	—	✓	✓	✓
管理	✓	✓	✓	✓		✓	✓	✓
检验、鉴定、评价	✓	✓	—	✓		✓	✓	✓
运营维护、维修	✓	✓	✓	✓	—	✓	✓	✓

注:"✓"表示本指标适用于该环节的评价;"—"表示本指标不适用于该环节的评价。

对于涉及质量验收和检验、鉴定、评价的工程建设标准或内容不评价经济效果,主要考虑到这两类标准实施过程中不能产生经济效果或产生的经济效果较小。经济效果是指投入和产出的比值,包括了物质的消耗和产出及劳动力的消耗,而质量验收和检验、鉴定、评价等类标准的主要内容是规定相关程序和指标。例如,《混凝土结构工程施工质量验收规范》GB 50204—2015 规定了混凝土结构工程施工质量验收的程序和方法以及反映了混凝土结构实体质量的各项指标。实施这类标准,不会产生物质的消耗和产出,对于劳动力的消耗,只要开展质量验收和检验、鉴定、评价等项工作,劳动力消耗总是存在的,不会产生大的变化,在劳动力消耗方面也就不会产生经济效果,或者产生的经济效果很小。

对质量验收、管理和检验、鉴定、评价以及运营维护、维修等类工程建设标准或内容不评价环境效果,主要考虑这几类标准及相关标准对此规定的内容主要是规定程序、方法和相关指标。例如,《生活垃圾焚烧厂运行维护与安全技术标准》CJJ 128—2017 规定了各设备、设施、环境检测等的运行管理、维护保养、安全操作的要求,不会产生物质消耗,也不会产生对环境产生影响的各种污染物。因此,对这类标准不评价其环境效果。

(二)标准实施状况评价

1. 标准实施状况评价的内容

标准的实施状况是指标准批准发布后一段时间内,各级建设行政主管部门、工程建设科研、规划、勘察、设计、施工、安装、监理、检测、评估、安全质量监督、施工图审查机构以及高等院校等相关单位实施标准的情况。考量、分析、研判标准的实施状况时,考虑在标准实施过程中,不同主体对标准实施的任务不同,工作性质有很大差别,为便于评价进行,将评价划分为标准推广状况评价和标准执行状况评价,最后通过综合各项评价指标的结果,得到标准实施评价状况等级。

标准的推广状况是指标准批准发布后,标准化管理机构为保证标准有效实施而进行的标准宣传、培训等活动,以及标准出版发行等。

标准的执行状况是指标准批准发布后,工程建设各方应用标准、标准在工程中应用以及专业技术人员执行标准和专业技术人员对标准的掌握程度等方面的状况。

2. 标准推广状况评价

根据工程建设标准化工作的相关规定，标准批准发布公告发布后，主管部门要通过网络、杂志等有关媒体及时向社会发布，各级住房城乡建设行政主管部门的标准化管理机构有计划地组织标准的宣贯和培训活动。同时，对于一些重要的标准，地方住房城乡建设行政主管部门根据管理的需要制定以标准为基础的管理措施，相关管理机构组织编写培训教材、宣贯材料，社会机构编写在工程中使用的手册、指南、软件、图集等应将标准的要求纳入其中，这些措施将会有力推动标准的实施。因此，将这些推动标准实施的措施作为推广状况评价的指标。

对基础类标准，采用评价标准发布状况、标准发行状况两项指标评价推广标准状况。现行工程建设标准中，基础类标准大部分是术语、符号、制图、代码和分类等标准，通过标准发布状况和标准发行状况的评价即可反映标准的推广状况。

对单项类和综合类标准，应采用标准发布状况、标准发行状况、标准宣贯培训状况、管理制度要求、标准衍生物状况五项指标评价标准推广状况。对于单项类和综合类标准，评价推广标准状况时，要综合评价各项推广措施，设置了标准发布状况、标准发行状况、标准宣贯培训状况、管理制度要求、标准衍生物状况五项指标，对推广状况进行评价。

表6-2是标准推广状况的评价内容，是制定评价工作方案、编制调查问卷和开展专家调查、实地调查的依据。

标准推广状况的评价内容 表6-2

指标	评价内容
标准发布状况	1. 是否面向社会在相关媒体刊登了标准发布的信息； 2. 是否及时发布了相关信息
标准发行状况	标准发行量比率（实际销售量/理论销售量）*
标准宣贯培训状况	1. 工程建设标准化管理机构及相关部门、单位是否开展了标准宣贯活动； 2. 社会培训机构是否开展了以所评价的标准为主要内容的培训活动
管理制度要求	1. 所评价区域的政府是否制定了以标准为基础加强某方面管理的相关政策； 2. 所评价区域的政府是否制定了促进标准实施的相关措施
标准衍生物状况	是否有与标准实施相关的指南、手册、软件、图集等标准衍生物在评价区域内销售

* 理论销售量应根据标准的类别、性质，结合评价区域内使用标准的专业技术人员的数量估算得出。

评价标准发布状况是要评价工程建设标准化管理机构在有关媒体发布的标准批准发布的信息的情况，评价的内容包括：工程建设国家标准、行业标准发布后，各省、自治区、直辖市住房城乡建设主管部门是否及时在有关媒体转发标准发布公告，以及采取其他方法发布信息，及时发布的时限不能超过标准实施的时间。

在管理制度要求中规定的"以标准为基础"是指，在所评价区域政府为加强某方面管理制定的政策、制度中，明确规定将相关单项标准或一组标准的作为履行职责或加强监督检查的依据。

在估算理论销售量时，评价区域内使用标准的专业技术人员的数量主要以住房和城乡建设主管部门统计的数量为依据，根据标准的类别、性质进行折减，作为理论销售量，一般将折减系数确定为，基础标准0.2，通用标准0.8，专用标准0.6。统计实际销售量时，需调查所辖区域的全部标准销售书店，汇总各书店的销售数量，作为实际销售量，或者在收集评价资料时，通过调查取得数据，例如，评价某一设计规范，可以采用住房和城乡建设主管部门发布的相关专业技术人员的数量为基准，乘以折减系数定为理论销售量。当缺乏相关统计数据时，需选择典型单位进行专项调查，将所调查单位的相关专业技术人员的全部数量乘以折减系数作为理论销售量，所调查单位拥有的评价标准的全部数量作为实际销售量。

3. 标准执行状况评价

标准执行状况采用单位应用状况、工程应用状况、技术人员掌握标准状况三项指标进行评价，评价内容见表6-3。

标准执行状况评价内容   表6-3

标准应用状况	评价内容
单位应用状况	1. 是否将所评价的标准纳入单位的质量管理体系中； 2. 所评价的标准在质量管理体系中是否"受控"； 3. 是否开展了相关的宣贯、培训工作
工程应用状况	1. 执行率*； 2. 在工程中是否能准确、有效应用
技术人员掌握标准状况	1. 技术人员是否掌握了所评价标准的内容； 2. 技术人员是否能准确应用所评价的标准

* 执行率是指被调查单位自所评价的标准实施之后所承担的项目中，应用了所评价的标准的项目数量与所评价标准适用的项目数量的比值。

单位应用标准状况中，"质量管理体系"泛指企业的各项技术、质量管理制度、措施的集合。进行单位应用标准状况评价时，要求标准作为单位管理制度、措施的一项内容，或者相关管理制度、措施明确保障该项标准的有效实施。"受控"是指单位通过ISO 9000质量管理体系认证，所评价的标准是受控文件。标准的宣贯、培训包括了被评价单位派技术人员参加主管部门和社会培训机构开展的宣贯培训、继续教育培训和单位组织开展的相关培训。

评价工程应用状况，首先要判定所评价标准的适用范围；其次，梳理被调查的单位应使用所评价标准开展的工程设计、施工、监理项目及相关管理工作范围；最后利用抽样调查、实地调查的方法对该指标进行调查、评价。

标准执行率是指所调查的适用所评价标准的项目中，应用了所评价标准的项目所占的比例。例如，评价《混凝土结构设计规范》GB 50010—2010（2015年版）时，统计被调查单位所承担的项目中适用《混凝土结构设计规范》GB 50010—2010（2015年版）的项目总数量，作为基数，再分别统计所适用的项目中全面执行了《混凝土结构设计规范》GB 50010—2010（2015年版）中强制性条文的项目总数量和全面执行了非强制性条文的项目总数量，与项目总数量的比值作为执行率。

（三）标准实施效果评价

工程建设标准化的目的是促进最佳社会效益、经济效益、环境效益和获得最佳资源、能源使用效率。因此，在标准实施效果评价中设置经济效果、社会效果、环境效果三个指标，使得标准的实施效果体现在具体某一因素（经济效果、社会效果、环境效果）的控制上。评价结果一般是可量化的，能用数据的方式表达的，也可以是对实施自身、现状等进行比较，即也可以是不可量化的效果。

评价综合类标准实施效果时，要考虑标准实施后对规划、勘察、设计、施工、运行等工程建设全过程各个环节的影响，分别进行分析，综合评估标准的实施效果，实施效果评价内容见表 6-4。

标准实施效果评价内容　　　　　　　　　　　表 6-4

指标	评价内容
经济效果	1. 是否有利于节约材料； 2. 是否有利于提高生产效率； 3. 是否有利于降低成本
社会效果	1. 是否对工程质量和安全产生影响； 2. 是否对施工过程安全生产产生影响； 3. 是否对技术进步产生影响； 4. 是否对人身健康产生影响； 5. 是否对公众利益产生影响
环境效果	1. 是否有利于能源资源节约； 2. 是否有利于能源资源合理利用； 3. 是否有利于生态环境保护

在评价实施效果的各项指标时，可采用对比的方式进行评价，首先要详细分析所评价标准中规定的各项技术方法和指标，再针对本条规定各项评价内容，将标准实施后的效果与实施前进行对比分析，确定所取得的效果，其中，新制定的标准，要分析标准"有"和"无"两种情况对比所取得的效果，经过修订的标准，要分析标准修订前后对比所取得的效果。

工程建设标准作为工程建设活动的技术依据，规定了工程建设的技术方法和建设工程可靠性的各项指标要求，是技术、经济、管理水平的综合体现。由于一项标准仅规定了工程建设过程中部分环节的技术要求，实施后所产生的效果有一定的局限性，同时，标准也是一把"双刃剑"，方法和指标规定得不合理，会造成浪费、增加成本、影响环境。因此，在确定评价结果中，应当考虑单项标准的局限性和标准的"双刃剑"作用。

（四）标准科学性评价

标准的科学性是衡量标准满足工程建设技术需求程度，首先应包括标准对国家法律、法规、政策的适合性，在纯技术层面还包括标准的可操作性、与相关标准的协调性和标准本身的技术先进性。

建设工程关系到社会生产经营活动的正常运行，也关系到人民生命财产安全。建设工程要消耗大量的资源，直接影响到环境保护、生态平衡和国民经济的可持续发展。建设工程中要使用大量的产品作为建设的原材料、构件及设备等。工程建设标准必须对它们的性能、质量作出规定，以满足建设工程的规划、设计、建造和使用的要求。同时，建设工程在规划、设计、建造、维护过程中也需要应用大量的设计技术、建造技术、施工工艺、维护技术等，工程建设标准也需要对这些技术的应用提出要求或作出规定，保证这些技术的合理应用。

工程建设标准的科学性评价就是要在以上这些方面进行衡量。在国家政策层面，对社会公共安全、人民生命安全与身体健康、生态环境保护、节能与节约资源等方面都有相应要求，标准的规定应适合这些要求。

为使建设工程满足国家政策要求，满足社会生产、服务、经营以及生活的需要，工程建设标准的规定应该是明确的，能够在工程中得到具体、有效的执行落实，同时也符合我国的实际情况，所提出的指导性原则、技术方法等是经过实践证明可行的。

每一项工程建设标准都在标准体系中占有一定的地位，起着一定的作用，一般都是需要有相关标准配合使用或者其他标准实施的相关支持性标准。因此，标准都不是独立的，而是相互关联的，标准之间需要协调。

由于社会在不断进步、技术在不断发展、产品在不断更新，建设工程随着发展也需要实现更高的目标、更高的要求，达到更好的效果，更节约资源、降低造价，这样就需要成熟的先进技术、先进的工艺、性能良好的产品应用到工程建设中，标准需要及时地作出调整。所以，标准需要适应新的需求，能够应用新技术、新产品、新工艺。同时，标准体系、每一项标准的框架也需要实时进行调整，满足不断变化的工程需求。

基于以上分析，基础类标准的科学性评价内容见表6-5，单项类和综合类标准的科学性评价内容见表6-6。

基础类标准的科学性评价内容 表 6-5

	评价内容
科学性	1. 标准内容是否得到行业的广泛认同、达成共识； 2. 标准是否满足其他标准和相关使用的需求； 3. 标准内容是否清晰合理、条文是否严谨准确、简练易懂； 4. 标准是否与其他基础类标准相协调

工程建设标准体系中，基础类标准主要规定术语、符号、制图等方面的要求，对基础类标准要求协调、统一，并得到广泛的认同，条文要简练、严谨，满足使用要求。因此，评价基础类标准的科学性，要突出标准的特点，评价时对各项规定要逐一进行评价。

单项类和综合类标准需要将所涉及每个环节的可操作性、协调性、先进性分别进行评价，再综合确定所评价标准的科学性。

单项类和综合类标准的科学性评价内容　　　　　　　　　　　　表 6-6

指标	评价内容
可操作性	1. 标准中规定的指标和方法是否科学合理； 2. 标准条文是否严谨、准确、容易把握； 3. 标准在工程中应用是否方便、可行
协调性	1. 标准内容是否符合国家政策的规定； 2. 标准内容是否与同级标准不协调； 3. 行业标准、地方标准是否与上级标准不协调
先进性	1. 是否符合国家的技术经济政策； 2. 标准是否采用了可靠的先进技术或适用科研成果； 3. 与国际标准或国外先进标准相比是否达到先进的水平

　　进行标准科学性评价时，要广泛调查国家相关法律法规、政策和标准，要将所评价标准的各项指标要求和技术规定按照评价内容的要求逐一分析，再综合分析结果，对照划分标准确定评价结果。

七、标准化信息管理

（一）标准化信息管理的基本要求

1. 范围

标准化信息管理，就是对标准文件及相关的信息资料进行有组织、及时系统地搜集、加工、储存、分析、传递和研究，并提供服务的一系列活动。管理的信息范围主要包括：

(1) 国家和地方有关标准化法律、法规、规章和规范性文件；

(2) 有关国家标准、行业标准、地方标准，以及国外、国际标准；

(3) 企业生产、经营、管理等方面有效的各种标准文本；

(4) 相关出版物，包括手册、指南、软件等；

(5) 相关资料，包括标准化期刊、管理资料、统计资料。

2. 主要任务

(1) 建立广泛而稳定的信息收集渠道

首先要确定本企业所需要的标准化信息的范围和对象，然后再考虑建立收集渠道。目前，标准化信息的发布、出版、发行的部门和单位是明确、固定的，企业可根据标准发布公告，标准目录或出版信息，也可以依据标准化机构的网站信息，掌握标准化的动态信息。同时，标准化管理机构一般都在固定的刊物上公告标准的发布、修订、局部修订的有关信息，标准出版单位也会定期发布标准化各种信息。企业可与标准化管理部门、标准出版单位、标准化社团机构建立标准化信息收集关系。

(2) 及时了解并收集有关的标准发布、实施、修订和废止信息

国家标准发布后，会在相关媒体上发布公告，并有半年以上的时间正式实施，对于重要的标准还会举办宣贯培训活动，这段时间企业要注意收集相关信息，及时评估所发布的标准与企业生产经营的关系，对于相关的标准要积极参加相关宣贯培训活动。修订的标准，一般要列入年度标准制修订计划，企业也可从计划中了解相关信息。标准局部修订、废止的信息，标准化管理机构会在相关期刊上刊登，企业要订阅相关的期刊。

(3) 对于收集到的信息进行登记、整理、分类，及时传递给有关部门。对标准化信息进行登记、整理、分类、发放等工作，要按照以下要求进行：

1）标准资料登记

企业或项目部要建立资料簿，收集来的标准资料首先进行登记，登记时在资料簿上注明资料名称、日期、编号、来源、内容。标准资料显著位置标注已登记的信息。

2）标准资料整理

对登记后的标准资料要对照企业或项目部实施的标准资料目录进行整理，对于新发布

的标准，及时纳入相关目录中，对于修订的标准，要在目录中替代原标准，局部修订的公告，要在修订的标准中注明，以确保标准信息资料信息的完整、准确和有效。其他标准信息资料要按照资料的类别和用途分别整理。

3）标准信息资料要及时发放给有关部门

标准资料整理好后，信息管理人员要及时通知有关部门和人员。企业有相关规定的，要按照相关规定将标准资料发放给相关人员。

（4）实现标准化信息的计算机管理

借助计算机对标准信息资料进行采集、加工、存储、传递和查询，是企业标准化信息管理的进步，可以提高标准化信息的管理水平，方便使用，并能提高利用率，有条件的企业应尽快实现计算机管理。

3. 标准化信息发布的主要网站和期刊

目前刊登工程建设标准信息和相关产品标准信息的网站和期刊主要有：

（1）国家工程建设标准化信息网

该网站的信息包括标准公告、标准制修订年度计划、标准征求意见等，详见附件。

（2）《工程建设标准化》期刊

该期刊刊登了标准局部修订公告、标准公告、年度标准发布的汇总目录等。

（3）国家标准化管理委员会网站

该网站主要发布产品标准的信息。

另外，还有住房和城乡建设部网站、国务院有关部门的网站、各地住房和城乡建设主管部门网站等政府门户网站，以及中国计划出版社、中国建筑工业出版社、中国质检出版社等出版发行单位的网站。

（二）标准文献分类

1. 中国标准文献分类法（简称 CCS）

CCS 是由我国标准化管理部门根据我国标准化工作的实际需要，结合标准文献的特点编制的一部专门用于标准文献的分类法。CCS 的分类体系原则上由二级组成，即一级类目和二级类目。一级主类的设置，以专业划分为主，共设 24 个大类，分别用英文大写字母来表示。

24 个大类表示符号及其序列如下：

（1）A 综合

（2）B 农业、林业

（3）C 医药、卫生、劳动保护

（4）D 矿业

（5）E 石油

（6）F 能源、核技术

（7）G 化工

（8）H 冶金

（9）J 机械

（10）K 电工

（11）L 电子元器件与信息技术

（12）M 通信、广播

（13）N 仪器、仪表

（14）P 工程建设

（15）Q 建材

（16）R 公路、水路运输

（17）S 铁路

（18）T 车辆

（19）U 船舶

（20）V 航空、航天

（21）W 纺织

（22）X 食品

（23）Y 轻工、文化和生活用品

（24）Z 环境保护

二级类目采用双位数字表示。每一个一级主类包含 00～99 共一百个二级类目。二级类目之间的逻辑划分，用分面标识加以区分。分面标识所概括的二级类目不限于 10 个，这样既限定了二级类目的专业范围，又弥补了由于采用双位数字的编列方法而使类目等级概念不胜枚举的缺点。

分面标识是用来说明一组二级类目的专业范围，不作分类标识，其形式如下：

一级类目标识符号　W 纺织　　（一级类目名称）

分面标识：W10/19 棉纺织　　（分面标识名称）

分面标识所属内容：10 棉纺织综合

　　　　　　　　　11 棉半成品

　　　　　　　　　12 面纱、线

　　　　　　　　　13 棉布

二级类目设置采用非严格的等级制，以便充分利用类号和保持各类文献量的相对平衡。

类目的标记符号采用拉丁字母与阿拉伯数字相结合的方式，拉丁字母表示一个大类（专业），两个数字表示类目。例如：

B	农业、林业
B00/99	农业、林业综合
B00	标准化、质量管理
B01	技术管理
B02	经济管理
⋮	
B30/39	经济作物

B30   经济作物综合
⋮

2. 国际标准分类法（简称 ICS）

ICS 是由国际标准化组织（ISO/IEC）编制的标准文献分类法，它主要用于国际标准、区域标准和国家标准以及相关标准化文献分类、编目、订购与建库，促进标准以及其他文献在世界范围内传播。

ICS 是一部数字等级制分类法，根据标准化活动与标准文献的特点，类目的设置以专业划分为主，适当结合科学分类。为谋求科学、简便、灵活、适用，分类体系原则上由三级组成。一级类按标准化所涉及的专业领域划分，设 41 个大类。大类采取从总到分、从一般到具体的逻辑序列。

对于类无专属而又具有广泛指导意义的标准文献，如综合性基础标准、名词术语、量与单位、图形符号、通用技术等，设"01 综合、术语、标准化、文献"大类，列于首位，以解决共性集中的问题。对各类中有关环境保护、卫生、安全方面的标准文献、采取了相对集中列类的方法，设"13 环境保护与卫生、安全"大类。

各级类目的设置和划分以标准文献数量为基础，力求使各类目容纳的标准数量相互间保持相对平衡，并留有适当的发展余地。标准文献量大、涉及面广的类目，采取划分为若干个专业类的办法，如轻工业，按需要划分为"59 纺织与制革技术""61 服装工业""67 食品技术""85 造纸技术"等大类。

按照上述划分原则，将 41 个大类（一级类）再分为 351 个二级类。在 351 个二级类中，有 127 个被进一步细分成三级类。

ICS 各级类目均采用纯阿拉伯数字作为标识符号，即每一大类以两位数字表示；二级类以三位数字表示；三级类以两位数字表示。为了醒目与易读，各级类号之间用一个小圆点隔开。例如：

43   道路车辆工程
43.040   道路车辆系统
43.040.20   照明与信号设备
（一、二、三级）   （一、二、三级）
类目标识符号（类号）   类目名称（类名）

使用 ICS 分类法进行分类标引时，一个标准可以标注一个 ICS 分类号，也有的标准可以标注一个、两个或更多的 ICS 类号，就是说，一个标准可以同时引入两个或更多的二级类或三级类。例如《ISO 3477：1981 聚丙烯管与配件、密度、测定与规范》可引入两个二级类，例如：

23.020.20   塑料管
23.020.45   塑料配件

3. 工程建设标准分类

党的十一届三中全会以后，我国开展了大规模经济建设，每年基本建设投资达数百亿元以上，但是工程建设标准化工作没有跟上实际工作的需要，为此，原国家计委标准定额局于 1983 年决定编制全国工程建设标准体系表，并于 1984 年提出了《全国工程建设体系表》。在编制体系表时，如何对工程建设进行分类，是一个十分重要而复杂的问题。工程建设标准化工作中常用的集中分类方法只是针对某一已存在的工程建设标准，根据其使用对象、作用、性质等进行的分类，对于尚不存在的标准，尤其是需要分析将来可能出现的标准时，那些分类方法则显得过于宏观。因此，对于体系表需要有其独特的分类方法。1984 年全国工程建设标准体系表的分类方法可作参考。

在编制 1984 全国工程建设标准体系表初期，就体系表的分类方法主要有两大争论意见，一是国务院有关部门希望全国工程建设标准体系表，分别按不同行业，将每个行业所需的工程建设标准，独立地作为一个分体系，列入全国体系表中，这种分类意见的优点在于全国工程建设标准体系表，可以直接用于指导各行业标准和国家标准的制定、修订和管理工作。缺点很突出表现在全国工程建设标准体系表只是各行业标准的总汇，必然造成标准内容的大量重复。二是打破管理界限，按专业进行分类，例如：房屋建筑专业，不论属于哪个行业的房屋建筑标准均列入一个分体系中，按照每一项标准的作用、地位等确定其在分体系中的位置，从而能够比较准确地界定出它的内容，同样，根据专业的内涵，也可以准确地预见出应当制定的标准名称，防止体系表漏项，保证体系表在结构合理、每项标准分工明确的前提下，做到内容完整。第二种分类意见是比较科学合理的，揭示了标准体系表分类的必然规律，对工程建设的行业标准体系表和工程建设的企业标准体系表的编制，无论在内容，还是在方法上，都具有普遍的指导意义。据此工程建设标准体系表共划分出 24 个专业类别，具体专业类别划分如下：

（1）规划类。包括城市建设规划，工业、交通、运输工程建设规划规划，江河流域建设规划，住宅小区规划等；

（2）工程勘察类。包括资源勘探、工程地质、水文地质、工程测量、物理勘探等；

（3）房屋建筑类。包括建筑设计、建筑热工、建筑采光照明、建筑声学和隔振、建筑装修、建筑防水及防护、固定家具及设备等；

（4）岩土工程类。包括岩土工程、土方及爆破工程、地基基础工程等；

（5）工程结构类。包括荷载及房屋结构、水土结构、工业构筑物结构、桥隧结构等；

（6）工程防灾类。包括工程抗震、工程防火、工程防爆、工程防洪等；

（7）工程鉴定与加固类。包括古建筑的鉴定与加固、民用建筑的鉴定与加固、工业建筑的鉴定与加固等；

（8）工程安全类。包括建筑施工安全、工程施工安全、建筑电气安全等；

（9）卫生与环境保护类。它是指结合专业对卫生和环境保护所做的规定，属于大空间、大范围控制的卫生与环境保护标准，不属于工程建设的范畴。一般包括工程防护、"三废治理"、工程防噪、防尘等；

（10）给水排水类。包括给水水源和取水、水的处理，给水输配和废水汇集，水厂和污水处理、建筑给水、市政给水、建筑排水、工程给水排水、废水再利用等；

（11）供热与供气类。包括采暖、通风、空气调节，煤气、热力、制冷工程等；

（12）广播、电视、通信类。包括广播电视的播控、传送和发送、天线、收信监测、有线广播电视系统等；长途通信、市内通信、邮政和无线通信等；

（13）自动化控制工程类。包括自动化仪表、自动化系统、自动控制设备等；

(14) 总图储运类。包括总图设计、工业运输、索道运输、仓储工程等；

(15) 运输工程类。包括铁道工程、道路工程、水运工程、机场工程、地铁工程等；

(16) 水利工程类。包括水利灌溉工程、防洪工程、水电工程、堤坝工程等；

(17) 电气工程类。包括火力发电、水力发电、风力发电、核力发电等的电力系统、送电、变配电、电力设施等；

(18) 矿业工程类。包括煤炭矿山、冶金矿山、非金属矿山等的建设；

(19) 工业炉窑类。包括冶金、建筑材料等的炉窑建设；

(20) 工业管道类。包括各类工业管道、长距离输送管道等；

(21) 工业设备类。包括各类工业设备，如冶金轧钢设备的安装等；

(22) 工业工艺类。包括各类工艺的生产工艺、工艺系统等；

(23) 工程焊接类。包括工程结构焊接、管道焊接、设备焊接等；

(24) 其他类。包括上述二十三类之外的全部类别。

目前，住房和城乡建设部组织按专业工程领域编制标准体系，与建筑、市政工程相关的是城乡规划、房屋建筑和城镇建设三个部分的标准体系（表7-1），每个领域内按专业再进行分类。

建筑、市政工程标准体系表　　　　表 7-1

专业号	专业名称	专业号	专业名称
[1] 1	城乡规划	[2] 9	城市与工程防灾
[2] 1	城乡工程勘察测量	[3] 1	建筑设计
[2] 2	城镇公共交通	[3] 2	建筑地基基础
[2] 3	城镇道路桥梁	[3] 3	建筑结构
[2] 4	城镇给水排水	[3] 4	建筑施工质量与安全
[2] 5	城镇燃气	[3] 5	建筑维护加固与房地产
[2] 6	城镇供热	[3] 6	建筑室内环境
[2] 7	城镇市容环境卫生	[4] 1	信息技术应用
[2] 8	风景园林		

注：1. 专业编号中，[1] 为城乡规划部分，[2] 为城镇建设部分，[3] 为房屋建筑部分，[4] 为信息技术应用，为 [1]、[2]、[3] 内容部分共有；

2. 村镇建设的内容包含在各有关专业中；

3. 建筑材料应用、产品检测的内容包含在"建筑施工质量与安全"专业中。

附录 A 工程建设标准化信息网网站说明

一、网站首页的基本布局

首页的设计，体现了工程建设标准化行业的特点。页面布局合理、规范，色调搭配协调、清新，内容丰富，重点突出，使浏览者一目了然。

首页分为 3 个大的版块，以动态信息为主，集合了网站的主要内容（图 A.1）。

第一个版块为综合信息，左方是图片新闻、标准查询等内容，右方是综合新闻、动态（包括政策动态、行业动态、地方动态、国际动态）内容。

第二个版块为标准信息，其中显示的是标准信息，包括标准公告、标准征求意见、标准年度计划、团体标准信息公开等内容。

第三个版块为业务平台，分 4 个系统，工程建设标准化工作管理信息系统、工程建设标准体系系统、标准备案系统、专家库系统。

在首页的最下方，是各种相关机构的连接，以方便网站用户最快捷查找到相关机构的网站并进入浏览。

二、网站栏目说明

（一）标准栏目

该栏目为现行工程建设标准。在页面左上方，有可根据关键字、标准名称、标准编号、主编单位对标准信息进行搜索，更加方便的让用户以最方便地方式查询到需要的标准。点击标准名称可以查看该项标准具体内容、目录、浏览下载标准全文（图 A.2）。

（二）机构栏目

该栏目主要是对各有关机构的介绍。分为：住房和城乡建设部标准化技术委员会、全国标准化技术委员会、住房和城乡建设部归口管理国际标准化组织（ISO）（图 A.3）。

（三）政策栏目

该栏目分为法律、行政法规、中央国务院文件、综合性规章及规范性文件、部门规章和规范性文件、地方性法规和规范性文件五个子栏目。在各个子栏目中分别列出了相应类型的法律、法规或规范性文件，点击相应的标题即可查看到这些信息的全文。在页面上方提供了搜索窗口，输入名称、内容即可对信息进行搜索，查找到需要的内容（图 A.4）。

图 A.1　网站首页图

图 A.2　标准栏目操作图

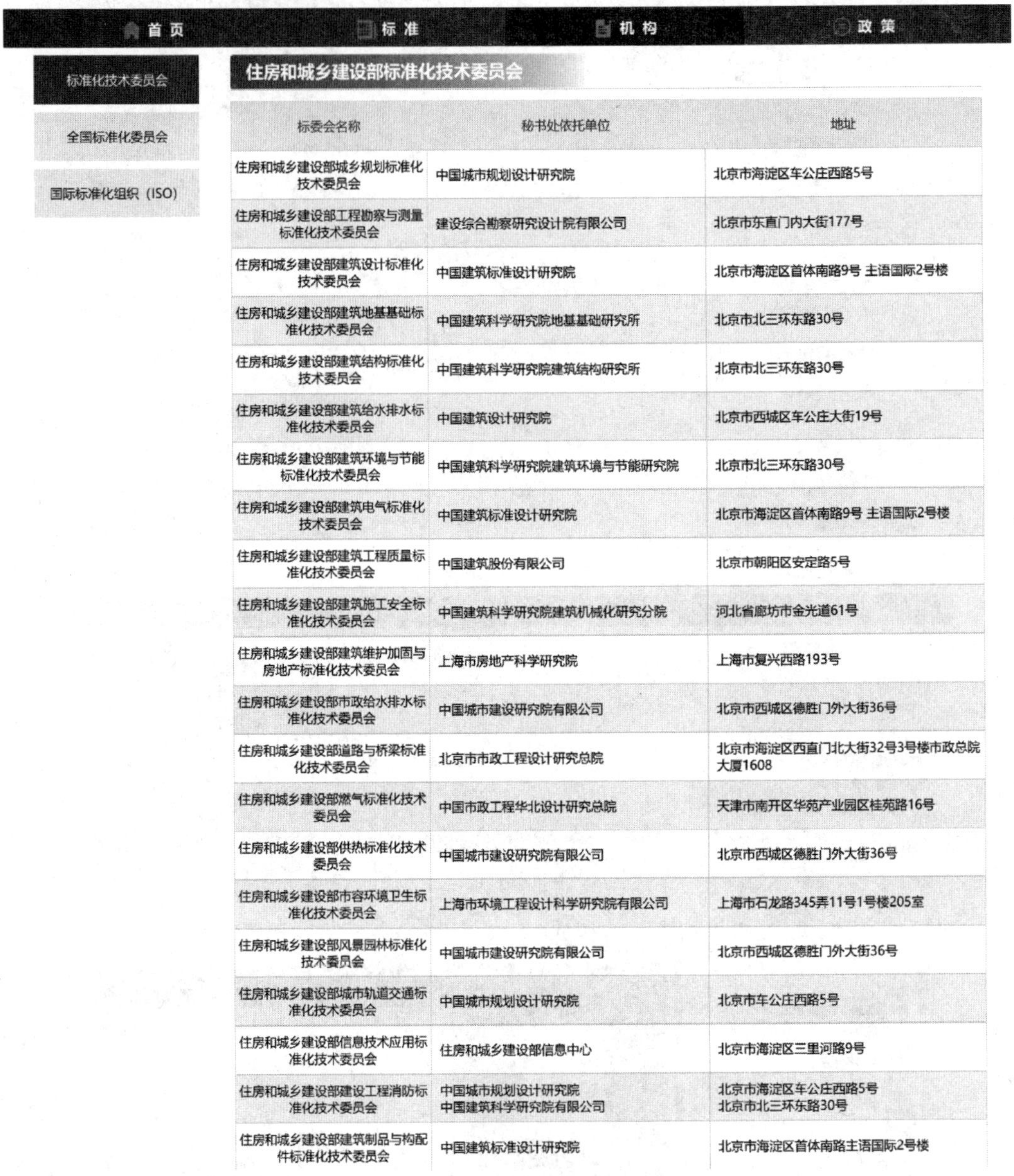

标委会名称	秘书处依托单位	地址
住房和城乡建设部城乡规划标准化技术委员会	中国城市规划设计研究院	北京市海淀区车公庄西路5号
住房和城乡建设部工程勘察与测量标准化技术委员会	建设综合勘察研究设计院有限公司	北京市东直门内大街177号
住房和城乡建设部建筑设计标准化技术委员会	中国建筑标准设计研究院	北京市海淀区首体南路9号 主语国际2号楼
住房和城乡建设部建筑地基基础标准化技术委员会	中国建筑科学研究院地基基础研究所	北京市北三环东路30号
住房和城乡建设部建筑结构标准化技术委员会	中国建筑科学研究院建筑结构研究所	北京市北三环东路30号
住房和城乡建设部建筑给水排水标准化技术委员会	中国建筑设计研究院	北京市西城区车公庄大街19号
住房和城乡建设部建筑环境与节能标准化技术委员会	中国建筑科学研究院建筑环境与节能研究院	北京市北三环东路30号
住房和城乡建设部建筑电气标准化技术委员会	中国建筑标准设计研究院	北京市海淀区首体南路9号 主语国际2号楼
住房和城乡建设部建筑工程质量标准化技术委员会	中国建筑股份有限公司	北京市朝阳区安定路5号
住房和城乡建设部建筑施工安全标准化技术委员会	中国建筑科学研究院建筑机械化研究分院	河北省廊坊市金光道61号
住房和城乡建设部建筑维护加固与房地产标准化技术委员会	上海市房地产科学研究院	上海市复兴西路193号
住房和城乡建设部市政给水排水标准化技术委员会	中国城市建设研究院有限公司	北京市西城区德胜门外大街36号
住房和城乡建设部道路与桥梁标准化技术委员会	北京市市政工程设计研究总院	北京市海淀区西直门北大街32号3号楼市政总院大厦1608
住房和城乡建设部燃气标准化技术委员会	中国市政工程华北设计研究总院	天津市南开区华苑产业园区桂苑路16号
住房和城乡建设部供热标准化技术委员会	中国城市建设研究院有限公司	北京市西城区德胜门外大街36号
住房和城乡建设部市容环境卫生标准化技术委员会	上海市环境工程设计科学研究院有限公司	上海市石龙路345弄11号1号楼205室
住房和城乡建设部风景园林标准化技术委员会	中国城市建设研究院有限公司	北京市西城区德胜门外大街36号
住房和城乡建设部城市轨道交通标准化技术委员会	中国城市规划设计研究院	北京市车公庄西路5号
住房和城乡建设部信息技术应用标准化技术委员会	住房和城乡建设部信息中心	北京市海淀三里河路9号
住房和城乡建设部建设工程消防标准化技术委员会	中国城市规划设计研究院 中国建筑科学研究院有限公司	北京市海淀区车公庄西路5号 北京市北三环东路30号
住房和城乡建设部建筑制品与构配件标准化技术委员会	中国建筑标准设计研究院	北京市海淀区首体南路主语国际2号楼

图 A.3　机构栏目操作图

（四）新闻信息

分为综合新闻、动态两个栏目，动态包括政策动态、行业动态、地方动态、国际动态四个子栏目。

综合新闻是工程建设领域相关的新闻和标准化相关工作的政策、方针、工作的信息。

政策动态是标准化相关工作的政策、通知的动态信息。

行业动态是各行业开展标准化工作的动态信息。

地方动态是各地开展标准化工作的动态信息。

图 A.4　政策栏目操作图

国际动态是国外标准化的动态信息。

（五）标准信息

标准信息栏目分为标准发布公告、标准征求意见、标准年度计划三个子栏目。

标准发布公告是标准经过批准正式发布时发出的公告。

标准征求意见包括了在编标准在征求意见阶段的各种通知及征求意见稿的全文及条文说明等。

标准年度计划分别包括了各年的年度计划草案、正式的立项计划等内容。

（六）团体标准信息公开系统

该栏目公开已批准发布，并通过标准定额研究所审查、公示后予以公开的团体标准（图 A.5）。在页面左上方，可根据关键字、标准名称、标准编号对标准信息进行搜索。点击标准名称可以查看该项标准的基本信息、主要技术内容及出版发行信息等。

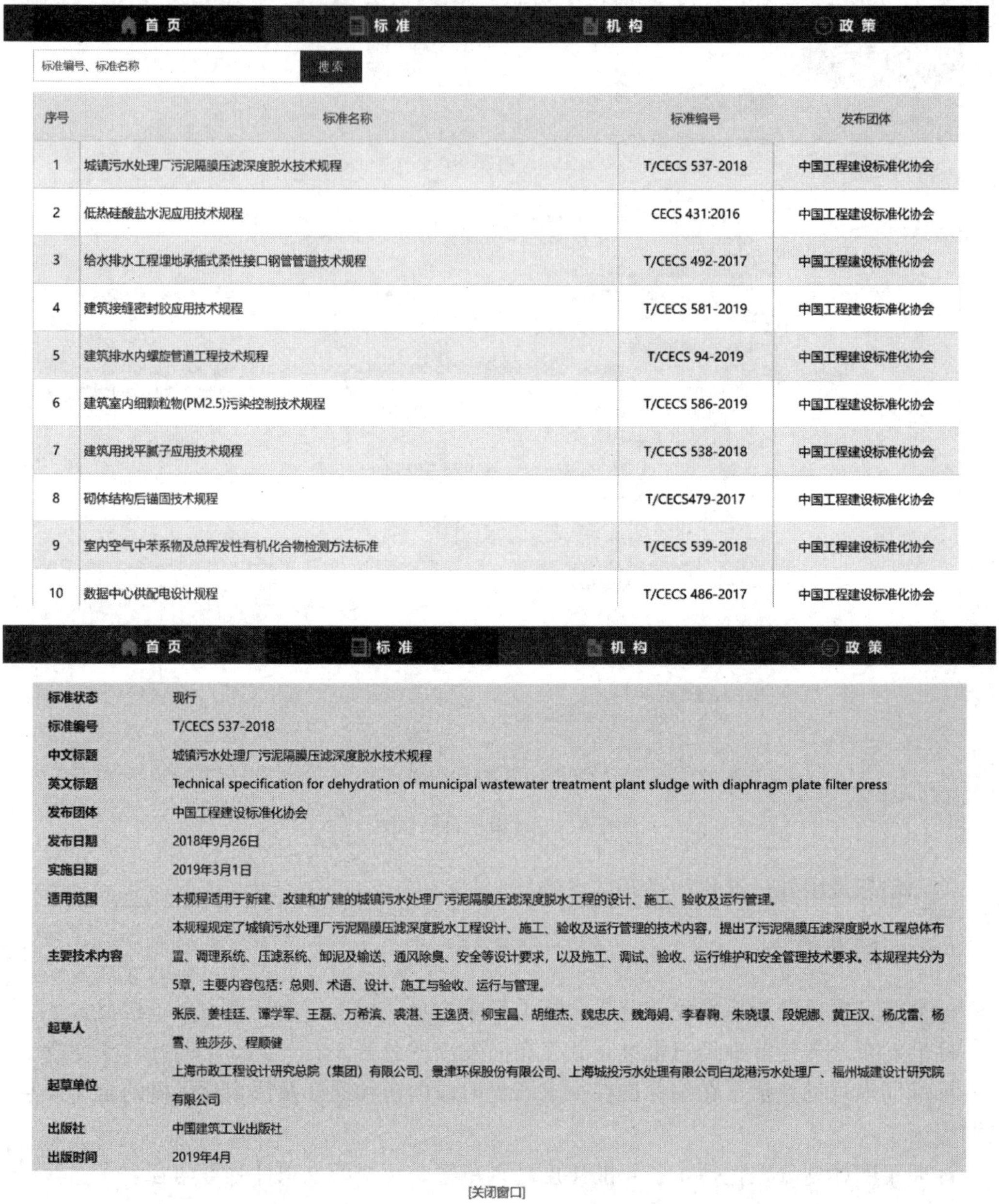

序号	标准名称	标准编号	发布团体
1	城镇污水处理厂污泥隔膜压滤深度脱水技术规程	T/CECS 537-2018	中国工程建设标准化协会
2	低热硅酸盐水泥应用技术规程	CECS 431:2016	中国工程建设标准化协会
3	给水排水工程埋地承插式柔性接口钢管管道技术规程	T/CECS 492-2017	中国工程建设标准化协会
4	建筑接缝密封胶应用技术规程	T/CECS 581-2019	中国工程建设标准化协会
5	建筑排水内螺旋管道工程技术规程	T/CECS 94-2019	中国工程建设标准化协会
6	建筑室内细颗粒物(PM2.5)污染控制技术规程	T/CECS 586-2019	中国工程建设标准化协会
7	建筑用找平腻子应用技术规程	T/CECS 538-2018	中国工程建设标准化协会
8	砌体结构后锚固技术规程	T/CECS479-2017	中国工程建设标准化协会
9	室内空气中苯系物及总挥发性有机化合物检测方法标准	T/CECS 539-2018	中国工程建设标准化协会
10	数据中心供配电设计规程	T/CECS 486-2017	中国工程建设标准化协会

标准状态	现行
标准编号	T/CECS 537-2018
中文标题	城镇污水处理厂污泥隔膜压滤深度脱水技术规程
英文标题	Technical specification for dehydration of municipal wastewater treatment plant sludge with diaphragm plate filter press
发布团体	中国工程建设标准化协会
发布日期	2018年9月26日
实施日期	2019年3月1日
适用范围	本规程适用于新建、改建和扩建的城镇污水处理厂污泥隔膜压滤深度脱水工程的设计、施工、验收及运行管理。
主要技术内容	本规程规定了城镇污水处理厂污泥隔膜压滤深度脱水工程设计、施工、验收及运行管理的技术内容,提出了污泥隔膜压滤深度脱水工程总体布置、调理系统、压滤系统、卸泥及输送、通风除臭、安全等设计要求,以及施工、调试、验收、运行维护和安全管理技术要求。本规程共分为5章,主要内容包括:总则、术语、设计、施工与验收、运行与管理。
起草人	张辰、姜桂廷、谭学军、王磊、万希滨、袁湛、王逸贤、柳宝昌、胡维杰、魏忠庆、魏海娟、李春翔、朱晓璟、段妮娜、黄正汉、杨戊雷、杨雷、独莎莎、程顺健
起草单位	上海市政工程设计研究总院(集团)有限公司、景津环保股份有限公司、上海城投污水处理有限公司白龙港污水处理厂、福州城建设计研究院有限公司
出版社	中国建筑工业出版社
出版时间	2019年4月

[关闭窗口]

图 A.5 团体标准信息公开系统操作图

(七) 标准化管理工作信息平台

该页面版块分为标准编制管理、标准项目申请、相关规章制度三个子栏目(图 A.6)。

进入标准编制管理中,可以对立项后标准全生命周期进行编制和管理。标准主编单位通过系统登录,上传标准编制全过程 4 个阶段的主要工作资料;标准主编部门、标准化技术支撑机构通过系统登录,可以查看归口的标准项目工作信息。

图 A.6　标准化管理工作信息平台页面图

　　进入标准项目申请，可在系统中申请工程国标、工程行标、产品行标，在线填写相应表格提交。

（八）标准备案

　　该页面版块分为地方标准备案、行业标准备案、相关规章制度三个子栏目（图 A.7）。

图 A.7　标准备案页面图

（九）国家工程建设标准体系系统

　　进入国家工程建设标准体系系统，体系按领域和主题划分为两个部分。按领域划分，包括城乡规划、城乡建设、房屋建筑、信息技术、建材工程、冶金工程、有色金属、医药工程、纺织工程、化工、电子工程、石油天然气工程、水利工程、兵器工程、医疗卫生、石油化工工程等。按主题划分，包括战略新兴产业、新农村建设、建筑工业化、能源资源、保障设施建设、结构调整、质量安全、防灾、减灾、救灾等。进入相应版块，可以查看各领域标准体系划分的专业、层次、状态等情况（图 A.8）。

图 A.8　国家工程建设标准体系系统页面图

（十）国家工程建设标准造价专家库系统

该页面版块分为专家登录、管理用户登录两个子栏目。进入相应版块，可以查看标准造价项目信息、进度、分工等情况（图 A.9）。

104

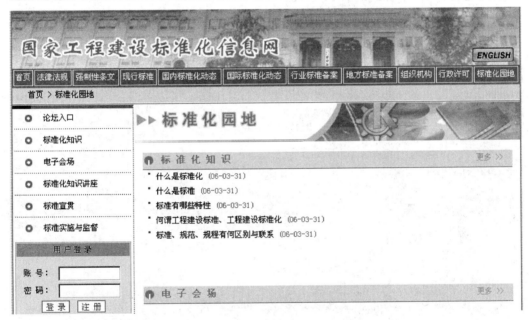

图 A.9　国家工程建设标准造价专家库系统页面图

三、工程建设标准强制性条文检索系统

登录国家工程建设标准化信息网首页，点击页面上方的图标"工程建设标准强制性条文检索系统"进入（图 A.10）。

进入工程建设标准强制性条文检索系统，系统分为属性检索、主题检索、快捷查找、强条浏览四个部分。进入相应版块，可以搜索、查找、查看工程建设标准强制性条文（图 A.11）。

图 A.10　国家工程建设标准化信息网首页图

图 A.11　工程建设标准强制性条文检索系统页面图